La historia de los inventos contemporáneos más populares

Punteros láser

La historia del puntero láser se encuentra estrechamente ligada a la de

el láser. Aunque fue Albert Einstein quien desarrolló

la teoría básica de los láseres en el siglo 20, es

difícil determinar con exactitud quién fue el responsable de

la invención de la primera láser de trabajo. Mientras Theodore

Maiman se le atribuye la creación del primer láser en

1960, hay tres más científicos-Charles Townes,

Arthur Schawlow y Gordon Gould-que también sostienen

para el mismo honor. Gould recibió una patente para su

invención en 1977, 20 años después de su trabajo inicial, pero en ese

muchos grupos de tiempo ya estaban usando su invento.

Dos grupos de los Estados Unidos se les atribuye la invención de la

láser de semiconductores en 1962, uno liderado por Robert N. Hall

en el centro de investigación de General Electric, y el otro por

Marshall Nathan en el IBM T.J. Watson Research Center.

Sin embargo, los punteros láser sólo se convirtieron en práctica en 1970

gracias a la obra de Herbert Kroemer de los Estados

Unidos, Zhores Alferov de la Unión Soviética y su

compañeros de trabajo. En 2000, Kroemer y Alferov recibieron el

Premio Nobel de Física por su invento.

Un láser de semiconductor, un tipo de diodo semiconductor,

también se conoce como un láser de diodo. Los diodos son capaces

de transmitir la electricidad en una dirección y los diodos láser

puede producir luz con facilidad cuando la electricidad pasa a través de

ellos. Tales láseres de diodo requieren la protección del poder

sobrecargas y cambios de temperatura. Un circuito de control de potencia

se utiliza para evitar que el diodo de recibir demasiado

o muy poco poder, y una caja de plástico pueden protegerlo de

temperatura varianzas.

Los láseres semiconductores utilizan materiales similares a los de

transistores y circuitos integrados con el fin de crear un

de acción láser medio. Láseres semiconductores Temprano (1950) podría

sólo producen radiación infrarroja no visible. Desde entonces,

la electrónica de semiconductores no sólo se han vuelto más

barato de producir, sino que también han vuelto más pequeños

en tamaño y tienden a requerir menos energía. También puede

producir luz visible de que el rojo es el menos costoso y

azul, violeta y verde son algunos de los más caros

variantes. En consecuencia, por la década de 1980, los láseres semiconductores

se convirtió en lo suficientemente asequible para su uso en electrónica de consumo

dispositivos tales como los punteros láser.

Enorme mejora en la tecnología y una gran demanda

han contribuido a hacer bajar el precio de los punteros láser

de cientos de dólares a menos de cinco dólares para el

la mayoría de los tipos de bajo costo. Muchos de los productos como de los niños

juguetes, armas y proyectores incorporan los punteros láser.

GOBERNANTES

Una regla, también conocido como un medidor de línea o regla, es un

dispositivo que se utiliza en el dibujo técnico, geometría, ingeniería,

la arquitectura, y la impresión para dibujar líneas rectas, medida

distancias, y como una guía para el corte preciso.

Homo sapiens han estado utilizando los gobernantes desde la antigüedad. Mientras

la mayoría de los antiguos gobernantes eran de madera, los arqueólogos tienen

se encuentran los hechos de marfil que se utilizaban antes de 1500 aC

por el valle del Indo Civilización. Uno de tales regla ha sido

descubierto entre las excavaciones de Lothal y ha sido

fecha todo el camino de vuelta a 2400 antes de Cristo. Se cree que este

gobernante se divide en unidades cada uno midiendo 1,32 pulgadas,

marcado en las subdivisiones decimales con una precisión asombrosa

(A dentro de 0,005 pulgadas). Ladrillos antiguos se encuentran en todo

la región tiene dimensiones que responden a estas unidades.

Industrial alemán Anton Ullrich se le atribuye la

invención de la regla de plegado en 1851. En 1887, obtuvo

una patente para la bisagra del resorte de propulsión utilizado en su

invención. La compañía que fundó sigue existiendo. De hecho, se

fabrica una gran variedad de instrumentos de medición bajo

el nombre comercial 'Stabila'.

Pero los gobernantes no siempre eran de madera o marfil. Ellos

También se han hecho con plásticos y metales. Y cada vez

desde el descubrimiento de plástico, gobernantes hechas de este material

han ganado importancia, ya que fácilmente se pueden moldear

con las marcas en lugar de ser inscrito sobre. Hoy

metal se limita sobre todo a los gobernantes utilizados en talleres o

incrustado en una regla de madera utilizada para la línea recta

corte para preservar sus bordes.

Gobernantes Escritorio se utilizan principalmente para el trazado de líneas rectas, a

medir distancias, o para servir como una guía para el corte a lo largo

una línea. Estos tipos de gobernantes tienen distancia-a lo largo de las marcas

sus bordes. Por otra parte, un indicador de línea se utiliza en la

industria de la impresión, que utiliza ágata, picas, puntos y pulgadas

como unidad de medida. Además, algunos medidores pueden

también contienen muestras de anchos de línea en varios tamaños en puntos.

Otros instrumentos de medición tales como reglas plegables utilizadas por

carpinteros y cintas métricas de metal, se hacen

portátil por plegado o retraer en una bobina. Del sastre

cinta de tela es otro dispositivo de medición de longitud flexibles

que está calibrado en centímetros y pulgadas. Se utiliza para

hacer mediciones lineales, así como para medir

alrededor de un sólido a objetos tales como tamaño de la cintura de una persona.

Una regla de contracción, también conocido como una regla de contracción, es un

dispositivo que tiene las divisiones más grandes que el estándar de medición

unidades para compensar la contracción durante la colada de metal.

TRANSPORTADORES

En geometría, un transportador es un cuadrado, circular o

herramienta semicircular normalmente hecha de metacrilato transparente

y utilizado para la medición de ángulos. La unidad de medida

es por lo general grados de un arco. Se utilizan para una variedad

de aplicaciones mecánicas y relacionados con la ingeniería,

pero quizá su uso más común es en la geometría

clases en las escuelas. Mientras que algunos transportadores son simples

medio-discos, transportadores más avanzados, como el bisel

transportador, tener uno o dos brazos basculantes usado para ayudar a

medir el ángulo.

El, transportador semidisco simple es un dispositivo antiguo, que data

a varios miles de años. Aunque se cree que el

verdadero inventor se ha perdido en las arenas del tiempo, en el año 2011 una

intrigante posibilidad salió a la luz. Un arquitecto egipcio

llamado Kha había ayudado a construir tumbas de faraones durante

la dinastía egipcia 18a, alrededor del año 1400 antes de Cristo. En 1906, su

propia tumba fue descubierta intacta por el arqueólogo Ernesto

Schiaparelli en Deir-al-Medina, cerca del valle del

Reyes en Tebas, Egipto. Entre las pertenencias de Kha fueron

descubierto instrumentos, incluyendo barras codo medición,

un dispositivo de nivelación que se asemeja a una plaza moderna set,

y lo que parecía ser un vacío de madera en forma extraña

Caso con una tapa con bisagras. Schiaparelli pensó este último objeto

celebrada otro instrumento de nivelación. El museo de Turín,
Italia, donde los elementos están siendo exhibidos, identificó
el caso de madera como el caso de una escala de equilibrio.
Pero Amelia Sparavigna, físico en el Politécnico de Turín,
sugirió que era una arquitectura completamente diferente
herramienta - un transportador. La clave, dijo, reside en los números
codificada en la decoración adornada del objeto, que se asemejan
una rosa de los vientos, con 16 pétalos espaciados uniformemente rodeadas
por un zigzag circular con 36 esquinas. Sparavigna continuó
afirmar que si la barra recta del objeto se colocó el
una pendiente, una plomada revelaría su inclinación en el
dial circular. Sin embargo, muchos arqueólogos se muestran escépticos
de esta teoría y sostienen que el objeto de madera es
simplemente un caso decorativo.
El primer transportador complejo fue diseñado por el trazado de la
posición de un barco en las cartas de navegación. Llamado un threearm
transportador o el puntero de la estación, que fue inventado en 1801
por Joseph Huddart, un capitán naval Inglés. El centro
brazo es fija, mientras que los dos exteriores son giratorios, capaz de
está fijado en cualquier ángulo con relación al centro uno.

DIBUJO COMPASES

Una brújula o compás es un dibujo técnico

instrumento familiar para todos los escolares. Se utiliza en

escuela en clases de geometría para ayudar en la elaboración perfecta

círculos y arcos. También se puede utilizar como un par de divisores

para medir distancias, sobre todo en los mapas.

El hombre ha conocido y utilizado desde épocas antiguas brújulas.

De hecho, los antiguos griegos los utilizaron como la enseñanza básica

herramientas. Todos los teoremas de Euclides fueron probados utilizando sólo

dos instrumentos de dibujo: un compás y una regla

con un borde recto. La forma básica de la brújula tiene

no ha cambiado mucho desde entonces, pero el acero y los plásticos

han sustituido en gran medida su material de construcción original,

normalmente de latón. En algunas pinturas medievales europeas,

la brújula se utiliza incluso como símbolo de la original de Dios

acto de la creación, es decir, el Génesis.

En 1606, el famoso científico italiano Galileo Galilei publicó

un tratado dedicado a la brújula, titulado 'Le operazioni del

compasso geometrico et militare '(La operación de geométrica

y brújulas militares). Añadió una escala graduada para la

dibujo brújula y lo utilizó para demostrar la gráfica

cálculo de interés compuesto y otras funciones.

El uso literario más famoso de compases aparece en A

Adiós: Prohibir Mourning, escrito por John Donne,

en 1611. El narrador utiliza la brújula como una metáfora de

que expresa la fuerza del amor espiritual. Compara su

amante hasta el pie fijo de la brújula y el propio de la

otro pie sin movimiento:

Si son dos, que son dos, así

Brújulas gemelas Como rígidas son dos;

Tu alma, el pie fix'd, no hace demostraciones

Para mover, pero ¿Acaso, si th 'otros lo hacen.

Y a pesar de que en el plantón central,

Sin embargo, cuando el otro vagan lejos doth,

Se apoya y presta oídos después de ella,

Y crece erecto, como que viene a casa.

Tal has de ser para mí, que debe,

Al igual que otro pie th ', oblicuamente ejecutar;

Tu firmeza hace mi círculo justo,

Y me hace terminar donde empecé.

¿Sabía usted?

El escudo de armas oficial de la ex país de Oriente

Alemania contó con un martillo y un compás rodeado

por un anillo de centeno. Estos objetos representados los trabajadores,

intelectuales, y los agricultores, respectivamente.

BOLÍGRAFOS

Bolígrafos utilizan tinta viscosa que se dispensa por el

rodando la acción de una pequeña bola situada en la punta de la pluma.

El balón, por lo general de 0,5 mm a 1,2 mm de diámetro, puede

estar hecha de latón, acero, carburo de tungsteno, o cualquier otro material durable.

Las primeras versiones del bolígrafo se patentaron múltiple

veces, pero nunca fueron un éxito comercial. La primera

patente fue publicada el 30 de octubre de 1888, a John Loud, un

curtidor de cuero. La idea surgió en Alto cuando intentaba

para escribir sobre sus productos y no pudo encontrar ninguna fuente

pluma que escribiría sobre cuero. De Loud pluma tenía una pequeña

bola de acero que gira, en su lugar por un socket. Sin embargo, este

pluma nunca fue fabricado. Tampoco eran cualquiera de los otros

350 patentes para bolígrafos tipo bola emitidos durante el próximo 50

año. El principal problema era la tinta-las plumas filtrados

con tinta fina, y se obstruyen con tinta gruesa. Según

la temperatura, la pluma a veces hacer las dos cosas.

Laszlo Biro, director de un periódico húngaro, estaba frustrado

por la cantidad de tiempo que se desperdicia en llenar fuente

plumas y de limpieza páginas manchadas. Se dio cuenta de que

Las tintas utilizadas en la impresión de periódicos se secan rápidamente, dejando

el papel seco y libre de manchas, y decidió crear

una pluma que usaba. Sin embargo, la tinta viscosa no lo haría

desembocan en una punta de la pluma fuente, por lo que Bíró, con la ayuda de

su hermano György, (re) inventó el bolígrafo y

patentó en 1938. bolígrafos anteriores habían dependido de la gravedad

para suministrar la tinta a la pelota, lo que causó dificultades

con la corriente y requiere que se celebrará la pluma casi

verticalmente. El bolígrafo Biro utiliza la acción capilar y un pistón que presuriza la columna de la tinta, la solución de estos problemas.

Los británicos encontró que Biros no se escapó a gran altura,

a diferencia de las plumas estilográficas. Así licenciaron este nuevo diseño y

el bolígrafo Biro pronto estaba siendo producido en masa para

la Royal Air Force.

Muy pronto otras compañías también comenzaron la fabricación

bolígrafos. Pero todos ellos todavía enfrentan muchos problemas.

A veces, las plumas se filtraban, manchar el periódico, o

No escriba sin problemas. Dos hombres finalmente resuelven estos problemas.

El primero fue un estadounidense llamado Patrick J. Frawley Jr.

En 1949, la compañía lanzó su primer bolígrafo,

el 'Paper Mate', cuyo punto de venta fue el frotis no

de tinta. El segundo fue un francés llamado Marcel Bich,

quien lanzó una escritura suave clara de cañón, nonleaky,

bolígrafo barato en 1952 que llamó

el Bic bolígrafo. El bolígrafo finalmente se había convertido en un

instrumento práctico de escritura!

TIJERAS

Las primeras tijeras probablemente fueron inventados hacia 1500

AC en el antiguo Egipto o Mesopotamia y se extendió poco a poco

por el resto del mundo antiguo a través del comercio y la

exploración. Estas tijeras son de la 'tijera primavera'

variedad, que comprende dos hojas de bronce conectados en el

maneja por una franja delgada y flexible de bronce curva (la punto de apoyo), que llevó a cabo las cuchillas en la alineación, lo que permite

que sean exprimidos juntos y se separaron cuando

liberado. Tijeras de bronce egipcio del siglo tercero

BC son objetos de arte únicas. En cada lámina que tienen

masculino decorativo y figuras femeninas que complementan cada

otra. Estos están formados por piezas sólidas de metal de un

diferentes incrustaciones de color en el bronce.

Tijeras de primavera se siguió utilizando en Europa hasta el

Siglo 16. Pero en o alrededor de 100 dC, los artesanos romanos

tijeras de corte de cuchilla desarrollados, en los que los bladeedges

cruzado y se deslizó más allá de nosotros durante el corte. La

punto de apoyo de bucle todavía permanecía, de manera que las tijeras descansaron

en una posición abierta después de su uso. Estos se convirtieron en común

no sólo en la antigua Roma, pero también en China, Japón y

Corea. Si bien la idea de aletas todavía se utiliza en casi

Todas las tijeras modernas, sólo unas pocas variedades como grassedging

cizallas retienen el punto de apoyo.

En algún momento de la evolución de las tijeras, un desconocido

inventor se dio cuenta de que un mayor control con menos mano

fuerza se podría obtener al abandonar el punto de apoyo,

la separación de las tijeras en dos piezas (unidas con un

tornillo o remache) y haciendo bucles para los dedos. En la quinta

siglo, el escriba Isidoro de Sevilla, España, describió

tijeras cruz palas con un pivote central como herramientas de la barbero y sastre. Tales tijeras pivotadas de bronce o de hierro

era el antepasado directo de tijeras modernas.

Tijeras pivotantes no han sido fabricados en grandes cantidades

hasta 1761, cuando Robert Hinchliffe produjo el primer par

tijeras de hoy en día hechos de endurecido y pulido

fundición de acero. Hinchliffe vivió en la Plaza de Cheney, Londres,

y fue probablemente la primera persona en poner un letrero

proclamándose un fabricante de tijeras bien.

Durante el siglo 19, las tijeras fueron forjadas a mano con

elaborada decoración asas. Se formaron las cuchillas

martillando el acero en las superficies indentadas conocidos como

jefes, y los anillos en las asas, conocidos como arcos,

fueron realizadas por la perforación de un agujero en el acero y la ampliación

con el extremo puntiagudo de un yunque.

En 1967, el Fiskars Corporation lanzó su famosa

tijeras de mango naranja, que son todavía muy popular.

Post-it

Un post-it o pegajoso nota es una pieza de papelería diseñada

para unir temporalmente las notas a los documentos y demás

superficies. Aunque ahora disponible en una gama de colores,

formas y tamaños, las notas Post-it son generalmente de tres pulgadas

canario cuadrados de colores amarillos. Una baja adherencia única tira adhesiva reutilizable en la parte posterior permite que las notas sean

fácil poner y quitar sin dejar marcas.

El término Post-it y el color amarillo canario están registrados

marcas comerciales de la empresa estadounidense 3M. Hasta que el

Década de 1990, cuando la patente expiró, se produjeron sólo

en la planta de 3M en Cynthiana, Kentucky. Aunque otra

compañías ahora producen notas 'pegajosos' o reposicionables,

la mayoría de las notas Post-it del mundo todavía se hacen.

En 1968, el Dr. Spencer Silver, un químico de 3M, era

intentar desarrollar un super-pegamento fuerte, pero

vez creado accidentalmente un baja adherencia reutilizable, sensibles a la presión

adhesiva. Durante cinco años, sin mucho éxito,

Silver promovió su invención dentro de 3M, tanto de manera informal

ya través de seminarios. Fue sólo en 1974 que un colega

de su, el Dr. Art Fry, que había asistido a una de plata de

seminarios, se le ocurrió la idea de utilizar el adhesivo

para anclar el marcador en su libro de himnos durante

servicios de la iglesia. Fry luego se desarrolló aún más la idea de

aprovechando 3M del sancionado oficialmente permitida

política de contrabando: personal de investigación se les permitió pasar

10-15 por ciento de su tiempo trabajando en proyectos favoritos.

El color amarillo de la original de Post-it fue elegido por

accidente-un laboratorio de al lado al equipo de Post-it tuvo chatarra

papel amarillo, que el equipo utilizado por sus experimentos.

Eventualmente gestión 3M se convenció y las notas

se pusieron en marcha en 1977 en cuatro ciudades con el nombre Press

'N Peel. Las ventas iniciales fueron muy decepcionantes. Sin embargo,

un año más tarde, 3M distribuye muestras gratuitas a los residentes de

Boise, Idaho, y un asombroso 94 por ciento de las personas

que intentó ellos dijeron que iban a comprar el producto.

Finalmente, el 6 de abril de 1980, el producto se estrenó en las tiendas de EE.UU.

como post-it notas. En 1981, se pusieron en marcha en Canadá

y Europa.

¿Sabía usted?

El humilde nota Post-it se ha utilizado para crear graves

obras de arte. En 2000, para celebrar el 20 aniversario de

Post-it, los artistas crearon obras de arte en ellos. Uno de tales

trabajar, por RB Kitaj, se vendió por £ 640 en una subasta, por lo que es

el más valioso nota de post-it de la historia.

GRAPADORAS

La primera máquina conocida para sujetar papeles juntos

se hizo en el siglo 18 en Francia por la exclusiva

uso del rey Luis XV. Cada grapa handmade fue aún

inscrito con la insignia de la corte real. Sin embargo,

esta máquina nunca fue vendido, así como el uso cada vez mayor

de papel en el siglo 19 creó la demanda. Americano

y los inventores británicos pronto comenzaron a patentar varios

máquinas-grapadora como e introdujo varios compitiendo

tecnologías en el mercado. Esta batalla duró tan tarde como el

1940 por una sencilla razón: nadie lo tiene toda la razón!

Por ejemplo, en 1895, el EH Hotchkiss Compañía de

Norwalk, Connecticut, comenzó a vender su llamada número 1

Sujetador de papel. La máquina utiliza una tira larga de wiredtogether

grapas y gracias a su facilidad de uso-, llegaron a ser tan

popular que se hizo conocido simplemente como "el Hotchkiss.

Sin embargo, el diseño requiere un fuerte golpe en el

émbolo de la máquina para separar las grapas de su tira

y los llevan en una pila de papel. De hecho, Hotchkiss

los usuarios a menudo mantienen pequeños mazos preparados para este fin.

Aparte de las patentes, el primer uso de la palabra publicada

grapadora estaba en un anuncio para el Pin de papel del siglo

Grapadora que apareció en la revista de la Munsey estadounidense

en el año 1901. Sin embargo, hasta la década de 1920, términos como el papel

sujetador, la máquina de grapado, y el aglutinante de grapas se utilizaron

para describir lo que hoy llamamos una grapadora.

Mayorista de papelería Jack Linksy fundada Swingline,

que luego pasó a convertirse en uno de los más conocidos

marcas documento de sujeción, en la década de 1930. En el año 1937,

Swingline desarrolló el No. Swingline grapadora velocidad

3-el primer dispositivo de carga superior. Inmediatamente se convirtió en

popular debido a su facilidad de uso. A diferencia de los modelos anteriores,

donde un destornillador y un martillo se necesitaban para insertar

las grapas, Linksy y sus ingenieros crearon un sistema patentado

unidad en la que la parte superior de la máquina fue simplemente abrió

y los alimentos básicos se redujeron a la derecha adentro

La grapadora moderna se ha mantenido prácticamente sin cambios

desde Linksy perfeccionó en 1937. Swingline También se le atribuye

con la creación de productos que se han convertido en la cultura pop

puntos de referencia, tales como el modelo de color rojo que aparece en el culto

película Office Space. Los modelos eléctricos se inventaron en el

1950, lo que hizo documento fijación más fácil que nunca.

¿Sabía usted?

A día de hoy, la palabra para grapadora en japonés es hochikisu,

aunque la compañía Hotchkiss ha sido durante mucho tiempo fuera de

negocio.

SACAPUNTAS

Antes del desarrollo de afiladores, cuchillos dedicados

(Como cortaplumas) se utilizaron para afilar los lápices por

tallando ellos. Algunos tipos especializados de lápices, tales

como lápices de carpintero, todavía se afilan con cuchillo

debido a su única forma plana-diseñado para evitar

ellos contra deslizamientos.

En 1828, un matemático francés llamado Bernard

Lassimone inventó el primer sacapuntas mecánico

y solicitado una patente. El afilador utiliza pequeño de metal

archivos de un ángulo de 90 grados en un bloque de madera que raspa y

tierra la punta del lápiz. Sin embargo, su invención no fue

mucho más rápido que tallar y así no se pongan al día. En 1847,

otro francés llamado Therry des Estwaux mejorado

en el diseño de Lassimone y se acercó con un afilador que

trabajado girando el lápiz en una carcasa en forma de cono.

Hoy en día este diseño se conoce como el afilador prisma.

Walter Foster, de Bangor, Maine, mejoró y simplificó

El diseño de Estwaux en 1855, lo que permite que la herramienta sea fácilmente

-producidos en masa, y por la década de 1880, varias empresas estaban

fabricación de sacapuntas de prisma en grandes cantidades.

Entre los años 1880 y 1910, numerosos inventores

103 Todos los días Inventions.indd 18 22/05/13 09:37:34 AM

19

SACAPUNTAS

y las empresas han asumido el reto de mejorar la

sacapuntas de lápiz mecánico. Este período de la innovación

prácticamente finalizado a mediados de la década de 1910, cuando sacapuntas

usando dos cilindros planetarios con espiral de los bordes de corte

comenzó a dominar el mercado. Este diseño tuvo éxito

porque la gente reconoce que el enfoque correcto para

lápices afilar era para celebrar tanto el lápiz y

afilador constante y permiten el funcionamiento interno se mueven

uniformemente sobre el lápiz, afilar. Los primeros intentos

para implementar un diseño incorporado papel de lija tales y /

o cuchillas, ninguno de los cuales trabajaron muy bien. Entonces, en

1896 del AB Dick Planetaria Lápiz Puntero fue patentado.

Este afilador utiliza dos discos de molienda que 'girado

alrededor de su eje a medida que orbitaban la punta del lápiz ',

que es lo que se llama un mecanismo planetario.

En 1904, el Olcott Climax Sacapuntas más

mejorado el diseño mediante la introducción de un corte cilíndrico

cabeza con bordes de corte en espiral de un mecanismo planetario.

Con la única excepción de la simple, barato

afilador prisma, este diseño ha seguido dominando

el mercado. El principal cambio desde entonces ha sido la

introducción de la electricidad para hacer girar la cabeza de corte.

Estos sacapuntas eléctrico para las oficinas se han hecho

por lo menos desde 1917, pero en realidad no ser comercialmente

viable hasta la década de 1940.

Cinta adhesiva y cinta Scotch

Cinta Scotch, un nombre de marca de 3M, se desarrolló en el

1930 en Minneapolis, Minnesota por el inventor estadounidense

Richard Gurley de Drew. Cuando dibujó unió a 3M en 1923,

que fabrica principalmente el papel de lija y demás abrasivos.

Una tarde, Drew, que era un ayudante de laboratorio joven en la

tiempo, visitó un taller de reparaciones en St. Paul, Minnesota, a

probar un nuevo lote de papel de lija. Allí encontró a algunos muy

trabajadores enojados. Trabajos de pintura de automóviles de dos colores, que eran

popular en ese entonces, ellos se requiere para ocultar ciertas partes

del coche con cinta adhesiva espesa y periódicos viejos.

Cuando la pintura se seca, se retira la cinta y, a menudo

desprendido parte de la nueva pintura!

Dibujó dio cuenta de que había un mercado para la cinta con menos

comenzó adhesivo agresivo y así un largo y frustrante

búsqueda de la combinación correcta de materiales. Pasó dos

años experimentando antes de desarrollar una fórmula que

se mantuvo pegajoso con la adición de glicerina y respaldado

con papel crepé. 3M lanzó al fin el enmascaramiento de Drew

cinta en 1925. El diseño original tenía adhesivo a lo largo de su

bordes, pero no en el medio. En su primera prueba, que se cayó

el coche y un pintor de automóviles frustrado gruñeron Drew,

"Toma esta cinta de nuevo a esos jefes escoceses tuyos! 'Por

Scotch quería decir miserable. El apodo se quedó.

Sin inmutarse, Drew volvió a su trabajo y comenzó a

desarrollar un revestimiento impermeable para vagones de ferrocarril. Un día

habló con un compañero investigador de 3M que estaba considerando la posibilidad de

Empaque 3M rollos de cinta de enmascaramiento en celofán, un nuevo

envoltura a prueba de humedad creada por DuPont. ¿Por qué, Drew

se preguntó, no pudo celofán estar recubierto con adhesivo

y se utiliza como cinta de sellado para sus carros de ferrocarril?

En junio de 1929, ordenó a Drew 100 metros de celofán con

que para llevar a cabo experimentos. Pronto se desarrolló un producto

ejemplo que se mostró prometedor para el envasado de todo tipo de

productos. Pero fue difícil aplicar el adhesivo uniformemente

sobre el celofán, que se separaron fácilmente durante máquina

recubrimiento. Tomó dibujó más de un año para resolver estos problemas

y no fue hasta finales de 1930 que 3M lanzó al fin

Cinta adhesiva Scotch. Se pasó a convertirse en uno de los

la mayoría de los productos famosos y ampliamente utilizado en la historia de

3M. Su éxito marcó el inicio de la compañía de

la diversificación, y les ha ayudado a prosperar a pesar de la

Gran Depresión.

Sellotape, lanzada por los ingleses Colin Kininmonth

y George Gray en 1937, es la marca líder de cinta adhesiva

en el U.K., India y otros países. Fue creado por el

recubrimiento con película de celofán con una resina de caucho natural.

Líquido corrector

Líquidos correctores tempranas eran típicamente tintas blancas, que

no coincide con el color de papel muy bien, tomó un largo

tiempo para secarse, y eran difíciles de escribir sobre. Uno de los

primera líquidos correctores moderno fue inventado en 1951 por

un secretario de Dallas, Texas, llamada Bette Nesmith

Graham. Graham comenzó a trabajar como ejecutivo

secretaria poco después de la Segunda Guerra Mundial. Pronto se decidió

encontrar una mejor manera de corregir sus errores de escritura.

Un día Graham puso un poco de pintura a base de agua de temple,

de color para que coincida con el diseño de fondo que se utiliza, en una botella,

y tomó su pincel de acuarela para trabajar. Ella usó esto para

corregir sus errores de escritura y encontró que su jefe nunca

notado. Pronto otra secretaria vio el nuevo invento

y pidió un poco. Graham encontró una botella verde en el país,

escribió Mistake Out en una etiqueta, y se lo dio a su amiga.

Pronto todas las secretarias del edificio lo querían también.

En 1956, Graham comenzó el Mistake Out Company (más tarde rebautizado Liquid Paper) de su casa del norte de Dallas. Ella convertido su cocina en un laboratorio, mezclando una mejor producto en la licuadora. Su hijo, Michael Nesmith, más adelante famosa por ser el cantante / guitarrista de la popular banda de 1960 El Monkees, y sus amigos llenaron botellas para los clientes.

Inicialmente Graham hizo poco dinero a pesar de trabajar en las noches y fines de semana para cumplir con los pedidos. Un día, sin embargo, hizo un error de escritura en el trabajo, que incluso Mistake Out no podía corregir, y fue despedido. Luego decidió dedicar toda su tiempo a su nueva compañía, y el negocio pronto prosperó.

Liquid Paper se convirtió en un negocio millonario en 1967.

Otra gran marca de líquido corrector es Wite-Out, ahora fabricado por la BIC Corporation. Su historia se remonta a 1966, cuando George Kloosterhouse, una compañía de seguros-empleado, notó que el líquido corrector contemporánea tiende ensuciar la tinta en las fotocopias. Kloosterhouse, con la ayuda del químico Edwin Johanknecht, luego se desarrolló 'Wite-Out WO-1 Borrado Liquid' específicamente para fotocopias. En 1971, fundaron Wite-Out Productos Inc. venderlo.

Las formas tempranas de Wite-Out vendido a través de 1981 fueron en base al agua y soluble en agua. Si bien esto hace que sea fácil de limpiar, también tomó más tiempo para secarse y no funcionaba bien en nonphotocopier medios de comunicación, tales como documentos escritos a máquina.

La compañía abordó estos problemas en julio de 1990 por

la introducción de un secado rápido a base de disolvente, 'For Everything'

líquido corrector. Hoy en día, Liquid Paper y Wite-Out permanecen

las marcas de líquido corrector más populares en América del Norte,

Australia y Brasil, mientras que Tipp-Ex es muy popular en Europa.

DESPERTADORES

La gente ha estado haciendo relojes con alarma

mecanismos desde la antigüedad. El filósofo griego

Platón se dice que posee un reloj de agua grande con una

señal de alarma similar al sonido de un órgano de agua. La

Ingeniero e inventor helenístico Ctesibio equipado su

relojes de agua con sistemas de alarma elaborados, lo que podría

hacerse a caer piedras en un gong o trompetas en

tiempos pre-establecido. Muchas grandes relojes de alarma de accionamiento hidráulico,

aunque no es muy precisa, fueron construidos en Europa, China, y

el mundo árabe en los próximos siglos. Eran

especialmente popular en los monasterios, donde los monjes tenían que

cantar oraciones a horas fijas.

Los primeros relojes mecánicos accionados por la caída de los pesos

se hicieron en el siglo 14. Algunas de las torres de reloj en

Europa Occidental construido durante este período fueron capaces de sonando en un momento fijo cada día. El famoso florentino

escritor Dante Alighieri, en 1319, describió en sus escritos

uno de los primeros de estos relojes mecánicos. El más

famosa torre del reloj llamativo original sigue en pie es

posiblemente el de la plaza de San Marcos, Venecia, que era

reunido en 1493.

Despertadores mecánicos ajustables por el usuario, sin duda se remontan a la Europa del siglo 15o por lo menos. Estos alarma temprana

relojes tenían un anillo de agujeros en el dial de reloj y se establecieron

mediante la colocación de un perno en el orificio correspondiente. La invención

del muelle permiten relojes sean más pequeños. Por

1620, los relojes del hogar estaban en uso y algunos incluso tenían

mecanismos de alarma.

Se ha afirmado incorrectamente que Levi Hutchins, una

relojero de Concord, New Hampshire, inventó

el primer reloj de alarma para despertarse a tiempo para

su trabajo. Es cierto que en 1787, Hutchins atascado el funcionamiento

de un gran reloj en un armario pequeño, insertado un piñón

o el engranaje, y esperó a que la llegada de 4 am. Cuando cuatro

en punto, finalmente llegó, el engranaje se ha disparado, lo que

establecer una campana en movimiento. Sin embargo, se hizo dispositivo Hutchins

sólo para sí mismo, sólo sonó a las 4 de la mañana y se mantiene sonando hasta

la primavera se acabó. Por otra parte, otros inventores habían tenido

Ideas similares antes. El inventor francés Antoine Redier

fue el primero en patentar un reloj de alarma mecánico regulable

en 1847. El Seth Thomas Clock Company de Connecticut,

EE.UU., se le concedió una patente en 1876 para un pequeño lado de la cama

reloj despertador. A finales de la década de 1870, este tipo de relojes se hicieron populares

y todas las grandes compañías del reloj comenzaron a hacer ellos.

A partir de ahí, las cosas se movían rápidamente. La alarma fue repetidor

inventado, electricidad permitió motores para mover las manos, y

pitidos, chirridos y canciones reemplazaron el sonido de las campanas.

LÁPICES MECÁNICOS

Hasta el principio del siglo 20 , los fabricantes

titulares de plomo producidos en lugar de la verdadera mecánica

lápices. El titular principal es simplemente un tubo que tiene un palo

de plomo, y no hay forma de avanzar o retraer el cable , ya que

se agota . Uno de los primeros titulares de plomo fue encontrado

a bordo de los restos del buque de guerra británico HMS Pandora,

que se hundió en 1791 tras encallar en la Gran

Barrera de coral cerca de la costa de Australia . Este soporte de plomo

se dividió en dos mitades por cerca de tres cuartas partes de su

longitud , de modo que un medio puede ser eliminado para colocar un nuevo

grafito ' plomo ' en el interior. Thomas Jones de Whitechapel,

Londres, había patentado este tipo de lápiz en 1783.

La primera patente de un lápiz recargable de plomo - propulsora

mecanismo fue publicado en 1822 en Gran Bretaña para Sampson

Mordan y John Hawkins. Su invención no fue un verdadero

lápiz mecánico , ya que los usuarios tenían que llevar piezas uniformes

de llevar en el bolsillo para utilizarlo como y cuando sea necesario .

La compañía de Mordan continuó fabricando lápices

y una amplia gama de objetos de plata hasta la Segunda Guerra Mundial.

Más de 160 patentes relacionadas con lápices mecánicos eran

emitidos entre 1822 y 1874. Por ejemplo, A.W. Faber

de Alemania creó un modelo de alrededor de 1860 . Este lápiz se comercializó hacia dibujantes arquitectónicos y fue

hueco, de modo que pueda ser equipado con una toma más tiempo. En 1861 ,

Faber también patentó el mecanismo de embrague de torsión de bloqueo

para lápices. El primer lápiz mecánico con resorte era

patentado en 1877 y un mecanismo de giro de avance en 1895.

En Japón, Tokuji Hayakawa introdujo el Ever-Ready

Lápiz afilado en 1915 , con un eje de metal duradero

hecho de níquel , un mecanismo basado en el tornillo , y un

plomo agudo. El pronto Alguna vez -Sharp comenzó a vender en gran

números . Mismo Hayakawa pasó a fundar la

Corporación de Sharp . El nombre de su lápiz , hoy es una

empresa de electrónica multinacional.

Por la misma época , norteamericano Charles R. Keeran

fue el desarrollo de un lápiz similar con una ventaja muy delgada

que se convertiría en el precursor de la mayoría de la actual

lápices. Su diseño , que él nombró la Eversharp , fue

ergonómico , fácil de fabricar , fiable , y

duradera . Se trinquete - basado , mientras que Hayakawa era de

tornillo de base . La Compañía Wahl de Chicago compró

Keeran en 1917 y comenzó a vender sus lápices mecánicos

por millones. Otros fabricantes, como Sheaffer ,

Parker y Waterman pronto siguió . Hoy la directa

descendientes de estos lápices clásicos se pueden encontrar en cualquier

papelería o tienda de material de oficina .

SELLOS

Un número de personas han reclamado el concepto de la

sello de correos. En 1680 , William Dockwra y su socio

Robert Murray estableció el London Penny Post,

que entregó cartas y pequeños paquetes en Londres

un centavo. Muchos historiadores consideran que este es el mundo de

primer servicio postal moderno . A diferencia del correo de hoy, sin embargo,

franqueo solamente se pagó después de que se entregó la carta

y aceptado .

En 1835 , el funcionario austrohúngaro Lovrenc

Koširy sugirió el uso de "impuesto postal fijado artificialmente

Ediciones ' usando papieroblate gepresste (obleas de papel prensado) .

Un impresor y editor escocés , James Chalmers, también

dijo ser el inventor del sello postal adhesivo

y presentó una propuesta a la British General Post

Oficina en 1838.

Sin embargo , los sellos de correos como los conocemos fueron primero

introducido en el Reino Unido en 1840 como parte de

reformas postales promovidas por el maestro , inventor, y social

reformador Sir Rowland Hill.

Objetivo más amplio de Hill era revertir las pérdidas financieras estables de la Oficina de Correos y su proyecto se conocía como el

Reforma Oficina Gran Post. Él convenció al Parlamento a

adoptar el uniforme Fourpenny Post, que entró en

efectuar en 1839. El primer sello postal de prepago, el penique

negro , fue puesto en venta en mayo de 1840. Dos días más tarde, el

azul de dos peniques fue introducido. Tanto los sellos incluidos

un grabado de la joven reina Victoria. Pero era negro

no es una buena elección de color del sello , ya que cualquier cancelación

marcas eran difíciles de ver. Así que desde 1841 en adelante , los sellos

fueron impresas en un color rojo ladrillo . Otros países pronto

seguido con sus propios sellos . Suiza emitió la

Zurich 4 y 6 céntimos en 1843. Brasil emitieron el ojo del toro

estampar el mismo año , optando por un diseño abstracto en lugar

de un retrato del emperador Pedro II , para que un sello postal

no desfigurar su imagen. Los primeros sellos de la India

se emitieron en octubre de 1854 con cuatro valores: media anna ,

Ana, dos annas (en verde) , y cuatro annas . Este último

fue uno de los sellos primero bicolores del mundo - en rojo y

azul. Las cuatro variantes presentaron un perfil juvenil de la reina

Victoria y se han diseñado e impreso en Calcuta.

Tras la introducción del sello de correos , el

número de letras en el Reino Unido aumentó dramáticamente. por

1850 , el número de cartas enviadas había aumentado de 76

millones de dólares a 350 millones, y continuó creciendo hasta que la

final del siglo 20 . Hoy, sin embargo , los e- mails tienen

reducido drásticamente el uso de sellos de correos.

MÁQUINAS DE ESCRIBIR

Un número de personas que han contribuido al desarrollo de

máquinas de escribir con éxito comercial . Italiano Pellegrino Turri

inventó la primera máquina de escribir de trabajo en 1808 ; las letras escritas

en su máquina todavía existen. Turri también inventó el papel carbón para

proporcionar tinta para su máquina . Muchas máquinas tempranos, incluyendo

Turri del , fueron desarrolladas para permitir a los ciegos a escribir.

Entre 1829 y 1870 , muchos inventores de Europa y

América patentó máquinas de impresión o de mecanografía , pero ninguno

de ellos entró en producción comercial. Algunos de estos

máquinas incluyen la invención del estadounidense Charles Thurber a

ayudar a los ciegos en 1843 , el prototipo del italiano Giuseppe Ravizza

máquina de escribir llamada Cembalo scrivano o macchina da scrivere un tasti ,

una máquina de escribir con las llaves en 1855 y sacerdote brasileño

Máquina de escribir de Francisco João de Azevedo en 1861.

En 1865 , el reverendo Rasmus Malling -Hansen de Dinamarca inventó

el Balón de Escritura Hansen, la primera comercialmente vendidos

máquina de escribir. Entró en producción en 1870. Su distintivo

característica era un arreglo de 52 teclas de un gran bronce

hemisferio. Esta máquina fue un éxito en Europa y

utilizado en oficinas en Londres hasta 1909.

La primera máquina de escribir para tener éxito comercial fue la

Remington N º 1 . Inventor estadounidense Christopher Sholes diseñado con la ayuda de Samuel Soule y Carlos

Glidden . Esta máquina se comercializó como los Sholes

y Glidden máquina de escribir , que fue el origen del término

máquina de escribir. William K. Jenne refinó aún más el diseño Sholes '

y la Compañía de Remington comenzó la producción de su primer

máquina de escribir en 1873 un precio de $ 125.

El Remington N º 1 había pintado flores y calcomanías y

se parecía más a una máquina de coser . Incorporó elementos

tal como una placa cilíndrica y la primera QWERTY de cuatro enfilado

teclado, que , debido al éxito de la máquina, fue pronto

adoptada por otros fabricantes de máquinas de escribir . Pero esta máquina

sólo podían imprimir las letras mayúsculas . Una innovación significativa

en la historia de las máquinas de escribir eran las teclas de mayúsculas y bloqueo de desplazamiento ,

que permitió tanto mayúscula y minúscula salida de

el mismo teclado . Esta característica ayudó a simplificar mecanógrafa

operación y reducir los costes de fabricación , reduciendo así la

precio de las máquinas de escribir . La primera máquina de escribir con una tecla de cambio fue

el Remington N º 2 de 1878 .

Las máquinas de escribir no llegaron a ser común en oficinas hasta después de la

mediados de los años 1880 . Esto permitió a las mujeres a unirse a la fuerza laboral en gran

números de la primera vez . En 1909 , el 89 de máquina de escribir por separado

fabricantes existían en los Estados Unidos solamente , y para 1910 ,

la máquina de escribir mecánica había alcanzado un diseño estandarizado .

máquinas de escribir eléctricas

The Universal Stock Ticker fue inventado por Thomas Alva

Edison en 1870. Esta impresora eléctrica populares recibido señales

desde una línea de telégrafo y las cartas de salida de forma automática y

números , en su mayoría precios de las acciones , en una cinta de papel . Edison tarde

construido una máquina de escribir impulsado por una serie de imanes , pero era

grande, caro y comercialmente fracasado .

La primera máquina de escribir eléctrica práctica fue desarrollada por

Estadounidense George Blickensderfer y puesta en marcha por su

compañía, con sede en Stamford, Connecticut, en 1902. El Blick

Eléctrico tenía algunas ventajas de las máquinas de escribir eléctricas posteriores,

incluyendo toques de luz clave, incluso a escribir y automática

retornos de carro . La máquina fue alimentado por un Emerson

motor eléctrico . Pero incluso esto no era comercialmente

exitosa , posiblemente debido a que tecleó lentamente o porque

suministro de energía eléctrica aún no se había normalizado .

James Smathers de Kansas City, Missouri, inventó el

primera máquina de escribir práctica de accionamiento eléctrico . Smathers

querido para aumentar la velocidad de escritura y disminuir la fatiga

y él había terminado un modelo de trabajo para 1912 . En

1923 , la Compañía Eléctrica del Noreste de Rochester, Nueva

York, había adquirido la patente Smathers ' . Northeast más

diseño Smathers desarrollado " para poder comercializarlo a

los fabricantes de máquinas de escribir . En 1925 , fue utilizado para lanzar

las máquinas de escribir Remington eléctricos. Y en 1929 , el noreste

entrado en el negocio de la máquina de escribir para sí mismo, la producción de la primero Electromatic Typewriter .

En 1935 , IBM , que había adquirido la Electromatic

tecnología, rediseñado y lanzado como el IBM eléctrica

Máquina de escribir Modelo 01. Smathers unió a IBM, donde

seguido trabajando en las máquinas de escribir . En 1941 , IBM lanzó

el Modelo Electromatic 04 , que introdujo proporcional

espaciado entre letras (kerning) donde las letras como la 'i' y ' w '

tener diferentes anchuras . Esta innovación hace a máquina

documentos se parecen más a las páginas impresas. En 1961 , IBM

puesto en marcha la Selectric revolucionaria , que eliminó

«confituras» y permiten cambios rápidos de la fuente de la impresión con un

pequeños, esféricos ' typeball ' en vez de barras de tipo tradicional .

Selectric dominó el mercado de la máquina de escribir de oficina por lo menos

dos décadas . Las versiones posteriores también agregaron la capacidad de corregir

errores de escritura y el cambio de tamaño de letra en los documentos .

Máquinas de escribir electrónicas comenzaron a reemplazar los eléctricos en el

principios de 1980 . Estas máquinas, por primera vez por Xerox , Brother ,

y Canon , eran procesadores de textos temprano. Tenían electrónica

memorias , displays, ortografía y correctores gramaticales y

unidades de disco . Hoy en día , las computadoras personales y con láser o de inyección de tinta

impresoras han reemplazado las máquinas de escribir electrónicas.

CELOFÁN

Celofán es una lámina delgada , transparente hecho de

celulosa regenerada , un polímero natural de la glucosa

adquieren en grandes cantidades a partir de pulpa de madera o de fibra de algodón .

Es biodegradable al 100 por ciento y su baja permeabilidad

al aire, aceites, grasas , bacterias y el agua hace que sea útil

para el envasado de alimentos .

Celofán surgió de una serie de esfuerzos realizado

durante el siglo 19 para producir materiales artificiales

por la alteración química de la celulosa . En 1892, Inglés

químicos Charles F. Cruz y Edward J. Bevan patentados

viscosa , una solución de celulosa tratada con sosa cáustica

y disulfuro de carbono .

El celofán fue inventado por el químico suizo Jacques Edwin

Brandenberger . Una vez Brandenberger estaba sentado en un

restaurante en el año 1900 cuando un cliente vino derramado sobre la

mantel. Como el camarero reemplazó la tela , decidió

inventar una película flexible transparente para aplicar a la tela , por lo que es

resistente al agua. Su primera idea fue rociar una capa impermeable

sobre la tela y él optó por tratar de viscosa . La recubierto resultante

tela era demasiado rígida , pero la película clara separarse fácilmente

de la tela de refuerzo y abandonó sus planes originales

como las posibilidades de este nuevo material se hizo evidente .

Se tomó diez años para que Brandenberger perfeccionar su película , que

había llamado celofán , de la celulosa y palabras

diaphane ("transparentes") . Su principal innovación fue la de añadir

glicerina para ablandar el material . Para 1912 , se había construido

una máquina para la fabricación de la película y lo patentó .

Celofán vio ventas limitadas en un principio ya que era a prueba de agua ,

pero no a prueba de humedad - se celebrará el agua, pero era permeable

al vapor de agua . Esto significaba que era inadecuado para

productos de embalaje, que requieren impermeabilización de la humedad .

La compañía química estadounidense DuPont contrató químico

William Hale Charch , que pasó tres años en el desarrollo

una laca nitrocelulosa que cuando se aplica a Celofán

hizo prueba de humedad . Tras su introducción en 1927 ,

las ventas de la materia se triplicaron entre 1928 y 1930 . Hacia 1938 ,

Celofán representó el 10 por ciento de las ventas de Du Pont

y el 25 por ciento de sus ganancias.

Película de celulosa se ha fabricado de forma continua

desde mediados de la década de 1930 y todavía se utiliza hoy en día. Además de los alimentos

embalaje , tiene muchas aplicaciones industriales , así ,

tal como una base para cintas autoadhesivas , un semi- permeable

membrana utiliza en ciertos tipos de pilas , como diálisis

tubo , tubo de Visking , y como un agente de liberación en el

fabricación de fibra de vidrio y productos de caucho .

BORRADORES

Gomas de borrar o cauchos típicos están hechos de caucho sintético .

Borradores de recoger partículas de grafito , eliminando así el lápiz

marcas de la superficie de papel . Esto funciona porque la

moléculas en borradores son ' pegajosas ' que el papel , así que cuando

el borrador se frota sobre la marca del lápiz , el grafito

se pega a la goma de borrar , en lugar de el papel.

Antes de gomas de borrar , se utilizaron tablas de goma o cera

para borrar de plomo o carbón marcas de papel. Bits de áspera

piedra , como la piedra arenisca o piedra pómez se utiliza para eliminar

pequeños errores de documentos de pergamino o papiro

escrito en tinta . Pan - corteza menos también fue utilizado como una

goma de borrar ; de hecho, una de la era Meiji (1868 - 1912) de los estudiantes en Tokio

dijeron : ' borradores Pan se utilizan en lugar de gomas de borrar

y por lo que les daría a nosotros con ninguna restricción en

cantidad . Así que pensamos que nada de tomar estas y comer

una parte firme de satisfacer al menos ligeramente nuestra hambre ... '

El pan era la mejor de todas las sustancias utilizadas para la eliminación de

lápiz marca hasta que el caucho natural se hizo disponible en

el Viejo Mundo. Inglés químico y teólogo Joseph

Priestley fue el primero en describir su uso para la eliminación de

las marcas de lápiz . En 1770 , le dijo a los lectores de su libro familiar

Introducción a la Teoría y Práctica de la perspectiva en la que

para la compra de los primeros borradores de goma :

Dado que este trabajo se imprimió , he visto una sustancia

excelentemente adaptado para el propósito de borrar del papel del

marcas de una de plomo - lápiz negro . Se debe , por lo tanto , ser de singular

utilizar a los que practican el dibujo. Se vende por el Sr. Nairne ,

Matemática fabricante de instrumentos , frente al Royal Exchange.

Él vende una pieza cúbica , de alrededor de un centímetro y medio , durante tres chelines ;

y él dice que va a durar varios años .

Sin embargo , el caucho natural también es perecedero . En 1839,

Inventor estadounidense Charles Goodyear descubrió la

proceso de vulcanización , en el que el azufre se añade a

goma para "curar" y hacerla duradera. gomas de borrar

se convirtió en común con el advenimiento de la vulcanización .

El 30 de marzo de 1858, Hymen Lipman de Filadelfia, EE.UU.

recibido la primera patente para la fijación de una goma de borrar hasta el final

de un lápiz. Su lápiz tenía una ranura en su extremo en el que

una goma de borrar se pegó . A principios de la década de 1860 , el famoso Faber-

Compañía Castell , fundada en Alemania en 1761 y todavía

conocida hoy en día, estaba haciendo lápices con adjunto

gomas de borrar . Muy poco después, otras compañías también

comenzó a hacer lápices similares, que llegaron a ser conocidos

como lápices centavo porque eran baratos. ellos

pronto se hizo muy popular.

CLIPS DE PAPEL

La fijación de los documentos ha sido históricamente documentado

ya en el siglo 13, cuando la gente pone una cinta

a través de incisiones paralelas en las esquinas de las páginas . más tarde

las cintas fueron encerados para hacerlos más fuertes y

más fácil de deshacer y rehacer . Este método de recorte documentos

junto continuado durante los próximos 600 años. Muchas veces,

alfileres producidos en masa , introducido en 1835, fueron

también se utiliza para trabajos de fijación , a pesar de que no eran diseñado para ese propósito .

La primera patente para un clip de alambre doblado probablemente

concedido a Samuel B. Fay de los Estados Unidos en 1867.

El vídeo fue pensado originalmente para la fijación de entradas para

tela , pero Fay dio cuenta de que también podría ser usado para pegar

papeles. Aunque funcional y práctico, de Fay

diseño, junto con los otros 50 o más diseños patentados

antes de 1899, nunca fueron anunciados o vendidos ampliamente .

Clips de papel doblado hilos se hizo popular sólo después de massproduced

alambre de acero, y la maquinaria para doblarla

fiable y económica se convirtió disponible al final de la

Del siglo 19. El tipo más común de un clip de alambre

todavía en uso, el clip Gem , nunca fue patentado , pero

fue más probable que se producen en el Reino Unido por The Gem

La fabricación de la empresa a comienzos de 1870 . Un 1883

artículo sobre Gem Papel- Fasteners los elogia por ser

"mejor que los pins ordinaria para ' que une a los papeles

sobre el mismo tema , un paquete de cartas , o las páginas de un

manuscrito . Clips de papel son todavía a veces se llaman Gem

clips y en sueco , la palabra para cualquier clip de papel es una joya .

Desde entonces , un sinnúmero de variaciones sobre el mismo tema tienen

sido patentado pero el tipo de la gema original ha demostrado ser

la más práctica y, en consecuencia , sigue siendo , con mucho, el más

popular. Otras formas todavía se utilizan de vez en cuando , como

el antideslizante ; el Ideal , utilizado para gruesos fajos de papel; la

Búho , llamada así por sus dos círculos en forma de ojo ; y la perfecta

Gem o gótica , que se ve favorecida por los bibliotecarios , ya que su

piernas más largas hacen que sea menos probable que se doble y rasgar el papel .

Un noruego, Johan Vaaler , se ha identificado incorrectamente

como el inventor del clip de papel. En realidad, Vaaler de

invención nunca fue fabricado o comercializado , ya

para entonces la gema superiores ya estaba disponible . Sin embargo ,

mucho después de la muerte de Vaaler , sus compatriotas crearon un

mito nacional basada en la falsa suposición de que la

clip de papel fue inventado por un noruego no reconocido

genio. Después de la Segunda Guerra Mundial, el clip de papel , incluso se convirtió en un

símbolo de la unidad nacional y el orgullo de Noruega.

PINS DE SEGURIDAD

Un pasador de seguridad es una variación de la clavija normal, incluyendo un

mecanismo de muelle simple y un broche. El cierre tiene dos

propósitos : para formar un bucle cerrado , uniendo de este modo el pasador

con más seguridad y también para cubrir su extremo afilado para evitar

pinchazos . Ellos son comúnmente utilizados para sujetar juntos

pedazos de tela como ropa dañadas y los pañales de tela

(pañales), pero tienen muchos otros usos.

Aunque los pins se han utilizado como elementos de fijación desde prehistóricos

veces , mecánico e inventor estadounidense prolífico Walter

Hunt, de Nueva York es considerado como el inventor de la

moderno imperdible. Necesidad de resolver una deuda de $ 15 con un amigo , un día Caza decidió inventar algo nuevo

con el fin de saldar la deuda . Él se retorcía un pedazo de latón

alambre que tenía unos ocho centímetros de largo, cuando decidió

hacer que una bobina en el centro del alambre por lo que abriría

cuando se suelta. Luego agregó un broche y punto aparte

en el otro extremo , permitiendo que el punto a ser forzado dentro de la

estrechar la primavera. El cierre también se mantiene a salvo de los dedos

lesiones , de ahí el nombre ' imperdible ' . Toda la invención

tomó la caza sólo tres horas para crear .

En 1849 , Hunt recibió una patente para su invento, pero pronto

vendido los derechos a WR Grace and Company por sólo $ 400,

lo que sería un poco más de $ 10,000 en la actualidad. ¿Qué

Caza no se dio cuenta fue que en los siguientes años , WR

Gracia , que todavía existe como fabricante de la especialidad

productos químicos y materiales , harían millones de dólares

en los beneficios de su invención.

Fracaso de Hunt para ganar dinero desde su invención era

típica del hombre. Era un versátil y creativa

inventor que crea una sorprendente variedad de novela

dispositivos, incluyendo la máquina de coser del punto de cadeneta , un

precursor del rifle de repetición Winchester, un éxito

spinner lino, un afilador de cuchillos (siendo fabricado y

ampliamente utilizado en la actualidad) , la pluma estilográfica, un clavo de decisiones

máquina, una mesa de restaurante de vapor, una sierra de la tala de árboles , una

del buque rompehielos , tinteros , una campana del tranvía , un coalburning duro estufa, piedra artificial , calle maquinaria barrer,

el velocípedo (una bicicleta antes de tiempo) , un tacón de zapato, un ceilingwalking

dispositivo que se utiliza en los circos , y el arado de hielo.

Por desgracia para él , él nunca se dio cuenta de lo comercial

importancia de sus propias invenciones y tampoco pudo

patentar o vendido las patentes de muy pequeñas cantidades de

dinero.   .

KALEIDOSCOPES

Un caleidoscopio es un cilindro con espejos que contienen

, objetos de colores sueltos, tales como perlas, piedras y pedazos

de vidrio . Cuando uno mira en un extremo , la luz entra en el otro ,

refleja fuera de los espejos , y crea patrones de colores .

La palabra " caleidoscopio " fue acuñado en 1817 por el escocés

inventor Sir David Brewster. Se deriva de la

Καλός Griego antiguo (kalos) que significa " hermoso, belleza » ,

εἶδος (eidos) que significa " lo que se ve : la forma, la forma '

y σκοπέω (skopeo) que significa " mirar hacia , para examinar ' ,

por lo tanto, "observador de las formas bellas .

Sir David Brewster fue un físico escocés , matemático,

astrónomo , inventor , escritor y director de la universidad.

Comenzó la obra que llevó a la caleidoscopio en 1815

mientras que la realización de experimentos sobre polarización de la luz .

Mientras que él estaba mirando algunos objetos al final de dos

espejos , Brewster se dio cuenta de que los patrones y los colores eran reconstruido y reformado en hermosas nuevos arreglos.

Intrigado , decidió crear un dispositivo para generar

tales patrones . Su diseño inicial consistía en un tubo con

pares de espejos en un extremo, pares de discos translúcidos en

los otros y los granos entre los dos. Brewster llamado

y patentado su invento en 1817 y eligió renombre

fabricante de instrumentos científicos Philip carpintero como su único

fabricante . Pronto demostró ser un éxito masivo

con 200.000 caleidoscopios que se venden en Londres y París en

sólo tres meses.

Brewster comenzó a pensar que iba a hacer un montón de dinero

de su invención popular . Sin embargo , alguien pronto

dado cuenta de que un fallo en su solicitud de patente , GB 4136 ,

permitido que otros la copien libremente . Al parecer , un prototipo

se había mostrado a los ópticos de Londres y copiado antes

se concedió la patente . Como resultado , el calidoscopio

comenzó a ser producido en grandes cantidades , pero sin cedido

beneficios financieros directos a Brewster .

Inicialmente concebido como una herramienta de la ciencia, el caleidoscopio fue

más tarde se vende como un juguete. Se hicieron muy populares durante la

Época victoriana como una diversión salón. Durante la década de 1870 ,

uno de los más populares fabricante de calidoscopio Estados Unidos

Fue Charles Bush. Él patentó su caleidoscopio de salón

en 1873 . Estos juguetes , que fueron hechas con una base redonda

o como una versión de cuatro patas raras , están ahora muy buscado por los coleccionistas .

Un resurgimiento del interés en caleidoscopios comenzó a finales del 1970, y en 1980 , una exposición ayudó interés combustible en como una forma de arte . Hoy en día, hay cientos de gran fabricantes caleidoscopio y artistas.

TABLAS

Las tablas de surf se inventaron en el antiguo Hawaii donde fueron más conocido como nalu he'e papa en el Hawaiian idioma . En aquellos días , el surf era un asunto profundamente espiritual , Del arte de montar las olas sí mismos, a la oración de buenas olas , y para los rituales que rodean la construcción de una tabla de surf. El surf no estaba destinado sólo para la recreación , pero también para la formación de jefes y resolver conflictos. había dos tipos de tablas de surf antiguas : el Olo , 14-16 metros de largo y sólo montado por los jefes o nobles , y el Alaia , 10-12 pies de largo y montado por los plebeyos. Ambos eran hizo uso de la madera sólida de los árboles locales como el Wili Wili , Ula y Koa y podrían pesar más de 100 libras. No tenían aletas y no eran manejables . El más antiguo tabla de surf todavía en existencia se remonta a 1778 y puede ser que se encuentra en Bishop Museum de Hawai. Por la mitad del siglo 19, muchos misioneros occidentales tenían llegó a Hawaii y el surf prácticamente había muerto . fue no hasta el siglo 20 que los hawaianos junto con

Los colonos europeos y americanos comenzaron surf de nuevo. uno

surfista primeras , George Freeth , experimentó con una menor

diseño de la placa mediante la reducción de su 16 - pie tablar de Hawai a la mitad.

Freeth se convirtió en el primer surfista profesional, la promoción de un

compañía ferroviaria en Los Angeles , California.

El siguiente cambio importante se produjo en 1926, cuando Tom

Blake diseñó la primera tabla de surf hueca. Se hizo

de secoya, tenía cientos de agujeros perforados en él, y estaba

revestido con capas delgadas de madera en ambos lados. Blake

tabla de surf hueca fue muy rápido en el agua. Se convirtió

mucho éxito y en 1930 , fue el primer consejo que

producido en masa . Blake también inventó la ' aleta fija ' en 1935.

Esta fue una pequeña aleta unida a la parte inferior de la junta

para permitir que los surfistas para maniobrar mejor y dotar a las salas

más estabilidad .

Para 1932 , la madera de balsa ligera de América del Sur tenía

convertido en un material popular para la construcción de tablas de surf. después

De fibra de vidrio de la Segunda Guerra Mundial , plásticos y espuma de poliestireno se convirtieron en

ampliamente disponibles. Un hombre llamado Pete Peterson construyó el primer

tablero de fibra de vidrio en 1946. Durante la década de 1950 , Hawaiian

George Downing desarrolló la famosa tabla de surf ' arma ' ,

llamado así por su habilidad para ' cazar ' grandes olas.

Shortboards , a unos 6 metros de largo, se hizo popular durante

A finales de 1960 , debido a su poco peso , la velocidad y

maniobrabilidad. Eran conocidos originalmente como "bolsillo cohetes "y tenían a menudo dos o tres aletas para mayor estabilidad

en el agua . Hoy , vuelos shortboards ' PopOut ' , inventados

por el australiano Shane Steadman en la década de 1970 , dominando el

mercado, aunque tableros largos tradicionales siguen siendo populares .

máquinas de discos

Cajas de música que funcionan con monedas y las pianolas fueron la

primeros dispositivos jukebox similares. Estos dispositivos utilizan papel

rollos , discos de metal, o cilindros de metal para jugar un musical

selección en los instrumentos encerrados dentro de ellos. en

la década de 1890 se les unieron las máquinas que utilizan musical

grabaciones en lugar de instrumentos físicos .

Uno de los primeros precursores de la máquina de discos era moderna

creado por Louis Vidrio y William S. Arnold , que tenía

colocado un cilindro Edison fonógrafo que funciona con monedas en el

Palais Royale Saloon en San Francisco en 1889. Este fue el

primera máquina de níquel- in-the- slot . No tenía amplificación y

los clientes tenían que escuchar la música con una de las cuatro escuchar

tubos, algo similar a los auriculares acústicos. La máquina

era popular y se ganó más de $ 1000 dentro de los seis meses.

Diseños jukebox primeros desbloqueados el mecanismo a

recibir una moneda . El oyente luego tuvo que dar vuelta una manivela

para reproducir la música . La mayoría de las máquinas eran capaces de

la celebración de una sola selección musical. A menudo, muchos de ellos se adjunta a la escucha tubos y se colocan juntos en

salones de fonógrafo . Esto permitió a los clientes seleccionar

entre varios registros , cada uno interpretado por su propia máquina .

En 1918 , Hobart C. Niblack patentó un aparato que cambia automáticamente los registros . Esto llevó a uno de la primera

máquinas de discos con música seleccionables , introducido en 1927 por

la Compañía Musical Instrument automatizado .

En 1928 , Justus P. Seeburg , que estaba fabricando jugador

pianos , combinan un altavoz con una que funciona con monedas

tocadiscos y le dio al oyente una selección de ocho

registros. Esta máquina audifono tenía ocho separada

placas giratorias montadas en un dispositivo similar a una rueda de la fortuna en rotación.

Tales máquinas de discos amplificados podían competir con un gran

orquesta sólo por el costo de un níquel (5 centavos) .

El término jukebox entró en uso en los EE.UU. alrededor de 1940

y se deriva de la frase común juke estadounidense

conjunta , es decir, un bar de mala reputación o discoteca .

Jukeboxes eran más populares desde la década de 1940 a través de la

mediados de 1960 . A mediados de la década de 1940 , las tres cuartas partes de

los registros producidos en los Estados Unidos entraron en máquinas de discos .

En un principio se tocaban música grabada en cilindros de cera ,

que fueron sustituidos sucesivamente por la laca de 78 rpm

registros , registros de 45 rpm de vinilo , CD y MP3. hoy

máquinas de discos siguen siendo populares en los bares , pero han caído

el favor de lo que antes eran sus más lucrativos

Localizaciones- restaurantes , los comensales , cuarteles militares , video arcadas y Lavanderías .

PELOTAS DE TENIS

La palabra tenis viene de la palabra francesa tenez ,

Teney pronunciada , lo que significaba " tomar posición " o

simplemente comenzar. El juego comenzó hace más de mil años

hace . Se jugó por los monjes y conocido como Jeu de Paume

o de la palma de la mano. La raqueta era ... lo has adivinado ...

la palma de la mano de uno, y la pelota estaba hecha de madera.

Jugadores posteriores utilizaron guantes de cuero y una pelota de cuero , cosido

con tendones y rellenos de cualquier cosa que vino a

mano como la paja , la lana y el pelo animal o ser humano !

Estas bolas tempranas no rebotan , haciendo que el juego real

muy diferente a partir de ahora .

El deporte se hizo popular entre el desarrollo de los nobles

y fue jugado como juego cortesano de tenis real . En 1480 ,

Louis XI de Francia prohibió el llenado de las pelotas de tenis con

tiza , arena , aserrín o tierra y declararon que estaban

que ser de buen cuero , relleno de lana. Otros principios

pelotas de tenis fueron hechas por artesanos de Escocia a partir de un woolwrapped

estómago de una oveja o de cabra y atado con una cuerda.

Algunas pelotas de tenis Inglés que datan del siglo 16

se han fabricado a partir de una combinación de masilla y

cabello humano. Otras versiones del siglo 16 hechos de animales piel, cuerda hecha de intestinos de animales y los músculos, y

madera de pino se han encontrado en los castillos escoceses. En el siglo 18 , las tiras de lana se enrollan firmemente alrededor de un

núcleo hecho rodando una serie de tiras en una pequeña bola .

Luego de cuerda fue atada en muchas direcciones sobre la pelota y

una cubierta de tela blanca cosida alrededor.

A principios de la década de 1870, el juego modificado de tenis sobre hierba

surgió en Gran Bretaña a través de los esfuerzos pioneros de Major

Walter Clopton Wingfield y Harry Gem . Wingfield

sets de tenis comercializadas , que incluían las bolas de goma maciza

importado de Alemania . Estos eran la luz y de color gris o

de color rojo sin cobertura. Su vistiendo y jugando

propiedades se mejoraron cubriéndolos con franela

cosida alrededor del núcleo de goma. En 1882 , Wingfield fue

la publicidad de sus pelotas de tenis como envuelto en una tela gruesa

hecho en Melton Mowbray , Inglaterra.

La pelota se ha desarrollado aún más por lo que el hueco central ,

y , durante la década de 1920 , la presurización con gas. este

cambio dio lugar a grandes avances en el tenis desde que el nuevo

pelotas rebotaban más alto y mejor, permitiendo disparos más rápidos.

Desde 1972, las pelotas de tenis oficiales han sido de color amarillo

para mejorar la visibilidad en la televisión. Sólo Wimbledon

resistido este movimiento. Ellos continuaron usando la tradicional

bolas blancas hasta 1986.

De ping-pong BOLAS

El juego de tenis de mesa o ping-pong se originó a partir

Gran Bretaña durante la década de 1880, donde se desempeñó como afterdinner

juego de salón. Se ha sugerido que British

oficiales militares en la India o Sudáfrica desarrolló por primera vez

el juego. Una fila de libros se puso de pie a lo largo del centro de

de la mesa como una red, otros dos libros sirven como raquetas

y una pelota de golf fue golpeado por uno de los extremos de la tabla a la

otra y viceversa. Alternativamente, las paletas se hicieron de

tapas de cajas de puros y las bolas de botellas de champagne. Temprano

raquetas a menudo eran trozos de pergamino estirado después

un marco, y los sonidos generados que dieron el juego de su

primero apodos de wiff-waff y Ping-Pong. El último fue

ampliamente utilizado antes fabricante del juego British J. Jaques

& Son Ltd. registrado como marca en 1901. Ping-Pong y luego llegó a

limitarse a el juego juega con el bastante caro

Equipos Jaques mientras que otros fabricantes llamados

que el tenis de mesa. Una situación similar se presentó en los Estados

Unidos, donde Jaques vendió los derechos de la compañía de juguetes

Parker Brothers.

Las bolas se utilizan en los juegos de tenis de mesa más antiguos eran

generalmente hecha de cuerdas, cordeles, caucho o corcho. Sin embargo,

pelotas de goma rebotó demasiado violentamente y bolas de corcho rebotaron

demasiado mal. Una innovación importante en el juego fue hecho por James Gibb, un entusiasta del tenis de mesa británica. Él

descubiertos bolas novedad hechas de celuloide, una de las primeras

plástico, en un viaje a los EE.UU. en 1901, y nos parecieron ser ideal para el juego. Esto fue seguido por E. C. Goode

quien, en 1901, inventó la versión moderna de la raqueta

mediante la fijación de una hoja de goma de picos a la hoja de madera.

En los años 1950, las raquetas que añadieron una esponja subyacente

capa cambió el juego de manera espectacular, introduciendo una mayor

giro y la velocidad. El uso de pegamento de la velocidad se incrementó el giro

y acelerar aún más. En 2000, la Mesa Internacional

Federación de Tenis instituyó varios cambios en las reglas,

incluyendo el aumento del diámetro de las bolas de 38

mm a 40 mm. Este cambio aumenta su resistencia del aire

y eficaz ralentizado el juego, por lo que es más fácil

para seguir en la televisión. Sin embargo, el movimiento creado algunos

controversia. El Equipo Nacional de China argumentó que

fue sólo pretende dar a los jugadores que no son chinos una mejor

oportunidad de ganar! Hoy en día, 40 mm balones oficiales de ping-pong

pesan 2,7 gramos, están hechas de un alto rebote llenos de aire

de plástico y de color blanco o naranja. En los últimos tiempos,

tenis de mesa, bola grande, que es incluso más lento, ya que utiliza

una bola de 44 mm de diámetro, también se ha popularizado.

LOS PINWHEELS

Un molinillo de viento es el juguete de un niño simple compuesto de una rueda de

de papel o plástico rizos, que se adjunta a una vara en su eje por

un alfiler. Es un predecesor de molinetes más complejos,

conocido popularmente como Whirlygigs, veletas de historietas, whirlijigs, y muchos nombres más igualmente interesantes.

El primer inventor de la perinola o molinete no es

conocido, pero tiene una larga historia que abarca todo el mundo.

Veletas, que están estrechamente relacionados con los molinillos de viento, fueron

utilizado por primera vez entre 1800 y 1600 antes de Cristo por los agricultores y marineros

en Sumeria. Se cree que la primera juguete molinete conocida

-La mariposa dragón, una hélice girando hecha de bambú

y lanzado por rodar un palo-se había inventado en China

por el año 400 aC. Durante el siglo noveno, los iraníes de los sasánidas

Imperio utilizaban molinos horizontales para el riego,

haciendo molinetes impulsadas por el viento técnicamente posible. Lamentablemente,

sin torbellino de este período ha sobrevivido a excepción de un

Muñeca cadena propulsadas egipcio del 100 antes de Cristo.

Junto con los molinos de grano-en grano, molinetes y

molinetes llegaron a Europa en el año 1200. La primera conocida

representación visual de una perinola Europea está contenida

en unos medievales que representa las tapiz niños jugando con una

perinola. Whirligigs en la forma de la cruz se convirtió en

de moda en pinturas de los siglos 15 y 16, como la pintura de Hieronymus Bosch, Niño Jesús con

un andador, circa 1480-1500. Shakespeare utiliza

"Perinola" como una metáfora de lo que va, vuelve "

alrededor '(noche de Reyes, el acto V-I):

Feste: Y así la perinola de tiempo trae sus venganzas.

La primera evidencia registrada de molinetes en los Estados

Unidos se relaciona con George Washington, quien, se dice, lleva a

Casa 'whilagigs' de la guerra revolucionaria. El 1819

publicación por Washington Irving de The Legend of Sleepy

Hollow menciona la perinola como: "un pequeño guerrero de madera

quien, armado con una espada en cada mano, era más valiente

la lucha contra el viento en la cima del granero. 'En 1929,

individuos se ganan la vida por la elaboración de molinetes como

ornamentos del jardín o el entretenimiento de los niños.

Molinetes hoy de diferentes tamaños y formas se encuentran

en todo el país, que se vende por los juguetes vendidos y también en

tiendas de juguetes, como juguetes de bajo costo para los niños. Artistas en

China aprovechara molinetes de múltiples colores para Chino

Año Nuevo. La gente pone mensajes personales en el exterior

palas de estos molinetes para el viento para atrapar y difundir

al universo como deseos para el año siguiente.

SCRABBLE

La historia de Scrabble comienza durante la Gran Depresión,

alrededor de 1931, cuando Alfred Mosher Butts, un trabajo fuera de

arquitecto de Poughkeepsie, Nueva York, decidió

inventar un juego de mesa. El análisis de los otros juegos de mesa en

el mercado, se encontró con que se dividen en tres categorías:

juegos de números, tales como los dados y bingo, se mueven juegos tales

como ajedrez y damas, y juegos de palabras como anagramas.

Tratar de crear un juego que utiliza tanto la oportunidad

y habilidad, Butts características combinadas de anagramas y la

crucigrama. Primera llamada Lexiko, su juego fue más tarde

llamado Palabras Criss-Cross. Para decidir sobre la distribución de la carta,

Butts estudiaron la primera plana de los periódicos más populares,

como The New York Times, el New York Herald Tribune y The

Saturday Evening Post, e hizo cálculos concienzudos de

frecuencia de letra. Análisis criptográfico Butts 'de Inglés

y su distribución original de las baldosas se han mantenido válida

desde entonces.

Antes de 1938, Butts habían completado el desarrollo básico de

Palabras Criss-Cross. Durante más de una década, él pellizcó

y vanamente con las normas al intentar-y continuamente

no-para atraer a un patrocinador corporativo. Incluso los EE.UU.

Oficina de Patentes rechazó su solicitud, no una sino dos veces.

Por último, Butts fue contactado por James Brunot, un empresario del juego amantes de Newtown, Connecticut, que

fue uno de los pocos propietarios de uno de los originales Criss-

Cruce Palabras sets. Brunot pensado que el juego debe

ser comercializados. Él compró los derechos para fabricar el

juego a cambio de la concesión de Butts una regalía sobre cada

unidad vendida. Aunque dejó la mayor parte del juego (incluyendo

la distribución de las cartas) sin cambios, Brunot ligeramente

reordenado las plazas 'premium' de la junta y

simplificado las normas. También se le ocurrió la icónica

esquema de color rosa pastel, azul bebé, índigo y brillante

rojo-e ideó la bonificación de 50 puntos para el uso de los siete azulejos para formar una palabra.

Lo más importante, Brunot se le ocurrió el nombre de Scrabble

y registrado el Scrabble Marca Crossword Game

en 1948. Ganó popularidad lenta pero constante entre

un puñado comparativo de los consumidores. Luego, en 1952, como

según la leyenda, Jack Strauss, que era el presidente de

Tienda por departamentos de Macy, descubrió el juego, mientras que en

vacaciones. Al regresar a trabajar, él se sorprendió al

encontrar que su tienda no llevó a ella y puso una orden grande.

Dentro de un año, todo el mundo tenía que tener uno, hasta el punto que

Juegos de Scrabble se estaban racionados en tiendas de todo el

EE.UU. Hoy Scrabble ha convertido en uno de los más populares

juegos de mesa de todo el mundo.

MONOPOLY

La historia del Monopoly se remonta a principios del

Siglo 20. El diseño más antiguo conocido fue por un

Americano llamado Elizabeth Magie. En 1904, se patentó

El Juego del propietario con un objetivo educativo-

para demostrar que los alquileres enriquecidos propietarios y

arrendatarios empobrecidos. Magie presentó su invención

al juego de la compañía Parker Brothers en 1910, pero

se negó a publicarlo.

Una versión reducida del juego de Magie hizo común

durante la década de 1910 como Auction Monopoly. Se extendió por palabra

de la boca y se jugó en varias versiones caseras

lo largo de los años. Magie ella patentó una versión revisada

que incluía nombres de las calles en 1924. comenzó Daniel Layman

la venta de una versión llamada El juego fascinador de Hacienda,

más tarde, simplemente Finanzas, en 1932. Ruth Hoskins aprendió el

juego de Layman y desarrollado una nueva junta directiva con

Atlantic City nombres de las calles. Esta placa fue la que se enseña

Charles E. Todd, gerente de un hotel en Germantown,

Pensilvania. Todd a su vez enseñó Esther Darrow, esposa

de un vendedor calentador interno de Filadelfia llamado

Charles Darrow.

Después de aprender el juego, Darrow comenzó a distribuirlo a sí mismo como el Monopoly. Lo envió a Parker Brothers en 1934.

Rechazaron como tener "cincuenta y dos de diseño fundamental

errores "y ser" demasiado complicado, demasiado técnica, [y]

tomó mucho tiempo para jugar. 'En 1935, sin embargo, la compañía escuchó

acerca de excelentes ventas del Monopoly y compró los derechos de

Darrow. Más tarde ese año se dieron cuenta de que Darrow

había copiado el juego de un amigo. Luego compradas

1924 la patente de Magie y los derechos de autor de otras de naturaleza comercial

variantes del juego, tales como Finanzas, la inflación, las grandes empresas,

Dinero Fácil, y Fortune para prevenir futuros problemas legales.

Monopoly se comercializó por primera vez en una amplia escala de Parker

Brothers en 1935. Cambiaron algunas de las reglas, tales

como la adición de "juego corto" y normas "límite de tiempo", y se producción de 20.000 copias del juego dentro de un mes. Lo

rápidamente se convirtió en el juego de mesa más popular en Estados Unidos

y luego el mundo. Casi 200 millones de juegos de Monopoly

se han vendido hasta ahora.

¿Sabía usted?

Durante la Segunda Guerra Mundial, el Servicio Secreto británico creó

una edición especial de Monopoly para los prisioneros de guerra en poder

por los nazis. Oculto dentro de estos juegos eran mapas,

brújulas, dinero real, y otros objetos útiles para el escape.

Estos juegos especiales se distribuyeron a los presos por

grupos de caridad falsas.

FRISBEES

El Frisbie Baking Company se inició en Bridgeport,

Connecticut por el empresario estadounidense William Russell

Frisbie. Se vendieron pasteles en cacerolas de estaño de luz con Frisbie estampado

en relieve en la parte inferior. Estudiantes universitarios que pasan hambre en Nueva

Inglaterra descubrió finalmente (quizás hacia 1940) que

el vacío bandejitas de aluminio o tapas de lata de galletas podría ser lanzado y

atrapado, proporcionando horas y horas de diversión "Frisbie-ing '.

Mientras tanto, un inspector de edificios de Los Ángeles llamado

Walter Frederick Morrison había descubierto un mercado para

el disco volador de hoy en día, en 1938, cuando él y futuro

esposa Lucile se les ofreció 25 centavos por una torta de pan que fueron echando hacia atrás y adelante entre sí en la playa de

Santa Monica, California. "Eso hizo que las ruedas en movimiento,

porque se podía comprar una torta de pan de 5 centavos, y si

gente en la playa estaban dispuestos a pagar un cuarto para ella,

bueno, no era un negocio ", dijo Morrison en 2007.

Después de la Segunda Guerra Mundial, Morrison esbozó un diseño para un

aerodinámicamente mejorada-disco volador que él llamó la

Whirlo-Way. En 1948, Morrison y su compañero Warren

Franscioni inventó una versión de plástico que podría volar más lejos

con una precisión mucho mejor y lo nombró el Flyin-Saucer.

Después de nuevas mejoras de diseño en 1955, Morrison comenzó a producir un nuevo disco, que bautizó el Plutón Plato

sacar provecho de la creciente popularidad de los ovnis con el

Público estadounidense. El Plutón plato se ha convertido en la base

prototipo de diseño para todos los discos voladores.

Richard Knerr y Arthur K. 'Spud' Melin fueron la

propietarios de una compañía de juguetes llamada 'Wham-O', que se

comenzó en un garaje en San Gabriel, California, en 1948. Ellos

convencido de Morrison para venderlos a los derechos a su diseño

y comenzó la producción de más discos de Plutón en 1957.

Knerr también comenzó a buscar un nuevo nombre de marca pegadiza

para ayudar a aumentar las ventas. Él se enteró del uso original de

los términos «Frisbie" y "Frisbie-ing 'por los estudiantes universitarios

en Nueva Inglaterra y tomado de las dos palabras que

crear el Frisbee marca registrada.

Edward E. 'Steady Ed Headrick era otra persona clave

detrás del éxito de los discos voladores. Él era un americano

inventor que trabajaba para Wham-O. Headrick rediseñado

el Pluto Platter, se crea un disco más controlable que

podría ser lanzado con precisión. Las ventas se dispararon y la

nuevo diseño se convirtió en la base de la mayoría de los discos voladores modernos.

Headrick tarde fue pionera en Freestyle Frisbee y Frisbee

Golf. En 1967, los estudiantes de secundaria en Maplewood, Nueva

Jersey inventó el deporte del Ultimate Frisbee. Hoy en día, es

jugado en al menos 42 países.

BINGO

La historia de bingo y otros juegos similares, como Housie,

Tómbola y Keno se remontan a 1530, a un staterun

Lotería italiana llamada Lo Giuoco del Lotto d'Italia,

que todavía se juega cada sábado en Italia. Desde Italia

el juego fue introducido a Francia a finales de los años 1770,

donde fue llamado Le Lotto y jugó entre los

rico. Este juego de bingo de tipo lotería pronto se convirtió en un

manía en toda Europa. Los alemanes también jugaron un

versión del juego en la década de 1850, pero se utilizan como una

apoyo educativo para ayudar a los estudiantes a aprender la ortografía, animal

nombres, y las tablas de multiplicar.

Cuando el juego llegó a América del Norte a principios del vigésimo

siglo, llegó a ser conocido como Beano. Era un país justo

juego en el que un concesionario seleccionaría discos numerados de un

caja de cigarros y los jugadores marcaban sus cartas con frijoles.

Gritaban beano si ganaban. Hugh J. Ward estandarizada

el juego moderno en los carnavales alrededor de Pittsburgh,

Pennsylvania a principios de 1920.

Una noche de diciembre de 1929, un vendedor de juguetes de Nueva York

llamado Edwin S. Lowe se encontró con un carnaval país

cerca de Jacksonville, Florida. Todas las cabinas de carnaval eran

cerrado, excepto uno, que estaba llena de gente. La acción se centró en una mesa en forma de herradura cubierto de

láminas de cartón numerados, sellos de caucho de numeración,

y frijoles secos. El juego que se está reproduciendo una variación

de Lotto llamado Beano, utilizando reglas de Ward. Lowe intentó

jugar Beano esa noche, pero, recuerda, "No pude conseguir un asiento

... Los jugadores estaban prácticamente adictos al juego ".

Volviendo a casa en Nueva York, Lowe comenzó a realizar

juegos beano similares a la que había sido testigo. Su

amigos les encantaron. Pronto estaban jugando bingo con

la misma tensión y la emoción como lo había visto en el

carnaval. Durante una sesión, uno de los ganadores saltaron

arriba, se hizo atado lengua, y en vez de gritar Beano

tartamudeó B-B-B-BINGO! Lowe dijo más tarde que se trataba de la

momento en que se decidió a comercializar el juego como Bingo.

Bingo fue un éxito inmediato y se puso empresa Lowe

de lleno en sus pies. El mayor juego de Bingo de la historia

se jugó en la década de 1930 en Teaneck Armería de Nueva York -

60000 jugadores, con otros 10.000 que me rechazaron en

la puerta, y 10 automóviles regalados como premios. Por el

Década de 1940, los juegos de bingo se está reproduciendo en todo los EE.UU.

Hoy, más de $ 90 millones que se gasta en el bingo cada semana

sólo en América del Norte.

COMETAS

Las cometas se desarrollaron por primera vez hace aproximadamente 2,800 años

en China. El primer cometa pudo haber sido creado por

Mo Di, un famoso filósofo que se dice que ha hecho

una cometa con forma de águila con la madera. Isleños del Mar del Sur

también han utilizado las cometas para pescar desde tiempos muy antiguos.

Los primeros cometas fueron utilizadas para fines militares. Para

ejemplo, alrededor de 200 aC general chino Han Hsin voló

una cometa por encima de los muros de un castillo fuertemente custodiado y usados

geometría para determinar hasta qué punto su ejército tendría que

túnel para llegar más allá de las defensas.

Volar cometas se extendió de China a Corea y

La India. La evidencia más temprana de vuelo de cometas de la India viene

desde las pinturas de la era Mughal en miniatura. En Tailandia, todos los

monarca tendría una cometa diseñada por él mismo.

Hay muchas teorías sobre cómo se introdujo la cometa

en la sociedad europea. Marco Polo puede haber introducido

que a finales del siglo 13. Alternativamente, los marineros de

Japón y Malasia también se han hecho en la 16 ª

y 17 siglos. Las cometas se habían retrasado en llegar a Europa, pero

por los siglos 18 y 19 que estaban siendo utilizados como

vehículos para la investigación científica. En 1749, el científico escocés

Alexander Wilson y su estudiante utilizan un tren de cometas para medir simultáneamente la temperatura del aire en los distintos niveles

por encima del suelo. En 1750, Benjamin Franklin publicó

una propuesta para probar que el rayo es electricidad al volar

una cometa.

En 1822, maestro de escuela Inglés e inventor George

Pocock utilizó un par de cometas en una sola línea 1500 a 1800

pies de largo para tirar de un carro que lleva a varios pasajeros en

velocidades de hasta 20 millas por hora. Debido a que los impuestos de circulación en

el tiempo se basa en el número de caballos de un carro

utilizado, Pocock fue eximido de pagar cualquier peaje.

En 1898, Guglielmo Marconi realizó la primera inalámbrica exitosa

transmisión a través del agua de la isla de Flat Holm en el

Bristol Channel utilizando una cometa para levantar su antena. En 1899, el

Hermanos Wright construyeron un pequeño cometa maniobrable para verificar

sus ideas de ala deformación en el control de la aeronave. Esto jugó un

papel directo en su vuelo a motor éxito en 1903.

Cometas caja hombre de levantamiento del norteamericano Samuel Franklin Cody

se introdujeron en 1901 y fueron utilizados por los británicos

ejército durante la Primera Guerra Mundial para sustituir a la observación de la artillería

globos. Los alemanes también usaron estos cometas para aumentar

el rango de visión de los submarinos-que cruza la superficie. En

1999, un equipo usa la energía de la cometa para tirar de los trineos hasta el final a el Polo Norte!

PATINES

Patinaje sobre hielo ha sido durante mucho tiempo un método popular de viajar

en congelados canales holandeses en invierno, pero un holandés desconocido

inventor en el siglo 18 quería patinar en la

verano. Clavó carretes de madera de listones de madera y

les adjunto a sus zapatos, descubriendo así la tierra seca

patinar o Skeeling.

El primer registró inventor patín de ruedas era un belga

llamado John-Joseph Merlin. En 1760, se demostró una

primitiva patín en línea con ruedas de metal e incluso asistido

una fiesta de disfraces mientras usa uno de su nuevo metalwheeled

botas. Queriendo hacer una gran entrada, Merlin

rodado en mientras toca el violín. Sin embargo, él se estrelló en

los espejos de la pared de larga duración que se alineaban en el salón de baile, causando

lesiones graves y que lo llevó a abandonar su invención.

La primera patente para un diseño de patín de ruedas se publicó en Francia

a un M. Petitbled en 1819. Estaba hecho de una suela de madera que

unido a la parte inferior de una bota, equipado con dos a cuatro

rodillos de cobre, madera o marfil y dispuestos en un

sola línea recta. En 1823, Robert John Tyers, un vendedor de fruta

en Piccadilly, Londres, patentó un patín llamado Volito,

descrito como un "aparato que debe atribuirse a las botas ... para la propósito de viajar o de placer. "Estos primeros patines no eran muy maniobrable, pero los patinadores sobre hielo de los expertos fueron capaces de

replicar algunos de sus movimientos en ellos. Grande patinaje pública

Pistas abiertas en varias ciudades europeas por la década de 1850.

El giro del patín de ruedas o patines quad de cuatro ruedas, hecha

con cuatro ruedas establecen en dos pares de lado a lado, fue la primera

diseñado en 1863, en la ciudad de Nueva York, por el inventor estadounidense

James Leonard Plimpton en un intento de mejorar los

diseños anteriores. El diseño permite girar más fácilmente y

maniobrabilidad, incluyendo la posibilidad de patinar hacia atrás

y hacer paradas repentinas, y esto llevó a que es un enorme

éxito. Como resultado, Plimpton fue conocido como el padre

de la moderna patinaje sobre ruedas.

Patines de ruedas estaban siendo producido en masa en los Estados Unidos por

la década de 1880. En 1884, Levant M. Richardson recibió una patente

para el uso de cojinetes de bolas de acero en ruedas de patines, lo que resulta

en patines más ligeros con menor fricción. El diseño de la

patín del patio se mantuvo esencialmente sin cambios después de que

y dominado la industria durante más de un siglo.

Finalmente, patines en línea con una sola fila de ruedas

se hizo popular. En la década de 1980, los hermanos Scott y Brennan

Olson, de Minneapolis, Minnesota comenzó a diseñar y

venta de patines en línea, llamados patines, que proporcionaron una

viaje muy tranquilo, especialmente al aire libre. Hoy en día este tipo de patines

dominar el mercado.

OSOS DE PELUCHE

Theodore Roosevelt, más conocido como Teddy Roosevelt,

el 26 presidente de Estados Unidos, es la persona

el encargado de dar el oso de peluche de su nombre. Roosevelt

estaba ayudando a resolver una disputa fronteriza entre los EE.UU.

estados de Mississippi y Louisiana. El 14 de noviembre de 1902,

asistía a una cacería de oso en Mississippi cuando algunos

de sus asistentes acorralado, golpeado y atado un estadounidense

Oso negro de un árbol de sauce después de una larga, agotadora persecución

con perros. Roosevelt se negó a disparar al oso herido

a sí mismo, diciendo que sería antideportiva, pero ordenó

que fuera asesinado para sacarlo de su miseria. Dos días más tarde, La

Washington Post publicó una caricatura editorial de la política

dibujante Clifford K. Berryman llama Drawing the Line en

Mississippi que mostró tanto la disputa y frontera del estado de la

caza del oso. La caricatura y la historia que contaba se hicieron populares

y dentro de un año, el juguete del oso de peluche apareció.

Nadie está realmente seguro de quién hizo el primer oso de peluche.

La historia más popular implica Morris Michtom, que

propietario de una pequeña novedad y la tienda de dulces en Brooklyn, Nueva

York. Un día su esposa Rose creó un pequeño oso de peluche

Cachorro de excelsior felpa y terminó con el zapato negro

ojos de botón. Poco después, se enteró de Michtom

Dibujos animados y de Berryman poner el oso en su escaparate para la exhibición. Muchos clientes
empezaron a preguntar sobre

comprarlo. Percibiendo una oportunidad de negocio, Michtom enviada

uno a Roosevelt, recibió permiso para usar su nombre

y comenzó a vender los osos de peluche. Los juguetes fueron una

éxito inmediato. Dentro de un año, Michtom fundó la

Ideal Novelty y Toy Company, que se convertiría en

una de las compañías de juguetes más grandes del mundo.

Por la misma época en Giengen, Alemania, Steiff

Firma produjo un oso de peluche de los diseños de Richard

Steiff. Se exhibió en la Feria del Juguete de Leipzig marzo

1903. Allí, Hermann Berg, un comprador para un estadounidense de juguetes

empresa, lo vio y de inmediato ordenó 3000 para ser enviado

a los Estados Unidos. Los Steiffs luego vendieron 12.000 osos en

la Exposición Universal de Saint Louis en 1904 y recibió el oro

medalla, el más alto honor en el evento. Este tipo de juguete

oso también se convirtió en asociada con historias sobre el presidente

Roosevelt y llegó a ser conocido como Teddy.

En 1906, los fabricantes que no sean Michtom y Steiff

se había unido y la moda de los Bears de Roosevelt era

de tal manera que las damas les llevaron por todas partes, los niños fueron

fotografiado con ellos, y Roosevelt estaba usando una como

una mascota en su oferta para la reelección.

CÁMARAS

Las cámaras fotográficas se basan en la cámara oscura,

que se remonta a los antiguos chinos y griegos. Lo

utiliza un pequeño orificio o una lente para proyectar una imagen invertida de

la escena exterior. En 1685, el alemán Johann Zahn construyó el

primera cámara oscura que era pequeña y lo suficientemente portátil

para ser prácticos para la fotografía, más de 150 años antes de

la fotografía se inventó incluso.

Fue el francés Joseph Niépce que tomaron los primeros

fotografías conocidos, alrededor de 1827. otros inventores

inventados mejores procesos fotográficos, daguerrotipos

y calotipos, poco después. Pero estos fotográfica

procesos todavía se basan en cámaras similares a Zahn de

Modelo del siglo 17. Estos tenían un diseño deslizante caja con

la lente se coloca en la caja delantera y una segunda, ligeramente

pequeña caja detrás de él que se podía mover para enfocar.

El obturador mecánico fue inventado en la década de 1870, que

permitido para tiempos de exposición más cortos.

La película fotográfica, originalmente hecha de papel y más tarde

celuloide, fue iniciado por el norteamericano George Eastman en

1885. Su primera cámara con éxito, la Kodak, salió a la venta

en 1888. Era una cámara simple y barato caja con

una lente de foco fijo, una sola velocidad de obturación y suficiente película para 100 exposiciones. En 1900, Eastman lanzó el Brownie,

una cámara aún más simple y más barato caja que pronto se convirtió en

muy popular. El Brownie habilitado aficionado generalizada

fotografía, como las instantáneas y las postales.

Oskar Barnack, que trabajó en la empresa alemana Leitz,

cámaras compactas inventadas que utilizaron pequeños aspectos negativos, tales

como película de cine de 35 mm de. Leitz lanzó al mundo de

primera cámara de 35 mm, el Leica I, en 1925. Una única lente

SLR reflex, cámara utiliza su propia lente para ver de antemano exactamente

lo que se va a fotografiar. La primera cámara réflex que

película de 35 mm utilizado fue el Kine Exakta de 1936.

El Modelo Polaroid 95, primera cámara instantánea del mundo,

fue diseñado por el inventor estadounidense Edwin Land y

puesto en marcha en 1948. Produjo copias positivas terminados

a partir de negativos expuestos en menos de un minuto. La

primera cámara barata Polaroid, el Modelo 20 Swinger

lanzado en 1965, fue un gran éxito y sigue siendo uno

de las cámaras de mayor venta de todos los tiempos. Fuji introdujo el

cámaras desechables o de un solo uso cada vez más popular en 1986.

Con el advenimiento de las cámaras digitales modernas, que utilizan un

sensor de imagen electrónica y la memoria para capturar imágenes

en lugar de cámaras de cine, analógicas o de película fotográfica tienen

casi totalmente desaparecido del mercado.

Flashes de las cámaras

Fotografía de usar fechas de luz artificial de nuevo a 1839

cuando L. Ibbetson utiliza luz oxi-hidrógeno, también conocido

como centro de atención, al fotografiar objetos microscópicos.

Sin embargo, las imágenes resultantes fueron duramente iluminado y mostró, caras pálidas-tiza blanca.

Félix Nadar, un fotógrafo y periodista francés,

fotografiado las alcantarillas de París utilizando sólo batteryoperated

iluminación. Pero no fue hasta 1877 que Henry Van

der Weyde abrió el primer estudio usando la luz eléctrica en

Londres. Impulsado por un dínamo accionado por gas, tenía suficiente

luz para permitir la exposición de sólo dos o tres segundos.

La necesidad de exposiciones incluso más cortos llevó a la utilización de

magnesio, que es altamente inflamable y quemaduras rápidamente

con un destello de luz brillante. Por 1864, los cables de magnesio y

cintas estaban a la venta. El metal se quemó en un reloj

lámparas con reflectores. Sin embargo, desde la quema era a menudo

incompleta, exposiciones tendieron a variar considerablemente. La

método también era insegura y se libera una gran cantidad de humo y

cenizas. Sin embargo, las lámparas de magnesio siendo populares

a través de la década de 1880.

En 1887, los químicos alemanes Adolf Miethe y Johannes Gaedicke mezclan polvo de magnesio bien con potasio

clorato, un oxidante, para producir Blitzlicht. Esto fue

la primera polvo de destello ampliamente utilizado. Blitzlicht tenía la

capacidad de producir fotografías por la noche con muy alta

obturador velocidades y se hizo muy popular. Sin embargo, la

combinación a veces dio lugar a explosiones, lo que causó

algunos accidentes muy graves.

Americano Joshua Cohen inventó la lámpara de flash en 1899.

Se utiliza pilas secas para encender el flash electrónico

polvo. En 1929, el Vacublitz, la primera verdadera lámpara de flash,

fue introducida en Alemania por la empresa Hauser. Lo

fue similar a la invención de Cohen, pero quemado aluminio

frustrar en una ampolla de vidrio. Flashes estaban a salvo, sin ruidos, y

sin humo. Por la década de 1930, llegaron a ser sincronizados con

obturadores de las cámaras, lo que hace la fotografía con flash simple, incluso

para los aficionados. Cada bombilla sólo puede ser usado una vez, así que por el

principios de 1960, las empresas han comenzado a empaquetar varios bulbos

en una sola unidad, como Flashcube de Kodak, que tenía cuatro.

En 1931, Harold 'Doc' Edgerton del MIT produjo el

primer tubo de flash electrónico. Flashes electrónicos utilizan un alto

tensión para generar un arco eléctrico a través de gas xenón

en un tubo de vidrio. Son baratos, recargable, y

su intensidad se puede controlar fácilmente. Hoy en día estos tienen

reemplazado por completo las bombillas de flash.

CINTURONES DE SEGURIDAD

Uno de los primeros ejemplos de la utilización de los cinturones de seguridad ocurrido

a principios del siglo 19, cuando el famoso Inglés

ingeniero y aviador Sir George Cayley inventó un tipo

de cinturón de seguridad para el uso en su planeador. A pesar de que Edward J.

Claghorn de Nueva York recibió la primera patente cinturón de seguridad en

1885, su invento estaba destinado a ser utilizado por los pintores y bomberos, no pasajeros de automóviles. En 1911, American

aviador Benjamin Foulois diseñó un arnés para el asiento

de su Wright Flyer Cuerpo de Señales 1 avión. Quería que

sostenerlo firmemente en su asiento para poder controlar mejor su

aeronaves en los campos en bruto utilizados para el despegue y el aterrizaje.

Sin embargo, no fue hasta la Segunda Guerra Mundial que los cinturones de seguridad

se convirtió en estándar en los aviones militares.

Durante la década de 1930, varios médicos norteamericanos equipados

sus propios coches con dos puntos "cinturones de seguridad", y comenzó a instar a

los fabricantes a proporcionar en todos los vehículos nuevos, pero con poco

éxito. En 1954, sin embargo, el Club de Deportes de coches de América,

cinturones de seguridad ahora NASCAR, hecho obligatorio para todos los conductores

durante las carreras de automóviles. El próximo año, el Dr. C. Hunter Shelden

de Pasadena, California, propuso no sólo la retráctil

cinturón de seguridad, sino también los volantes empotrables, reforzada

techos, barras antivuelco, cerraduras de puertas y sistemas de retención pasivos como

bolsas de aire para mejorar la seguridad del automóvil. Varias asociaciones de la industria automotriz médica, policía y todo el mundo también

comenzó a defender el cinturón de seguridad alrededor de este tiempo. Coche americano

fabricantes de Nash (1949), Ford (1955) y Chrysler (1956)

comenzó a ofrecer los cinturones de seguridad como opciones, mientras que la sueca Saab

introducido cinturones de seguridad de serie en 1958. Numerosos Ford

anuncios de la época ofrecen prominente nueva

Características de seguridad, incluyendo salvavidas cinturones de seguridad.

El cinturón de seguridad 'de regazo y hombro "moderno de tres puntos utilizados

en la mayoría de los vehículos de los consumidores de hoy fue patentado en 1955 por los americanos Roger Griswold y Hugh DeHaven. Este

modelo se ha mejorado aún más a por el inventor sueco

Nils Bohlin para el fabricante de automóviles sueco Volvo, que

introducido como equipo estándar en 1959. Además

para diseñar el cinturón de tres puntos, Bohlin demostró su

eficacia en un estudio de 28.000 accidentes en Suecia. En

1962, se le concedió una patente de EE.UU. para el dispositivo. Tales cinturones

se convirtió en un dispositivo de seguridad estándar en la mayoría de los coches de la década de 1970.

En 1963, el Congreso de EE.UU. aprobó una ley que requiere

todos los automóviles para cumplir con ciertas normas de seguridad.

La ley del mundo primero el cinturón de seguridad se puso en marcha en 1970,

en el estado de Victoria, Australia, por lo que es obligatorio

para los conductores y pasajeros de los asientos delanteros. Hoy en día, la mayoría de las partes

del mundo tienen tales leyes. En 2002, Volvo calcula que

el cinturón de seguridad ya se había salvado más de un millón de vidas.

LIMPIAPARABRISAS

El inventor Mary Anderson de Birmingham, Alabama

se le atribuye la elaboración de la primera parabrisas operativa

limpiaparabrisas en 1903. En un punto de congelación, día lluvioso de invierno alrededor del

año 1900, Anderson estaba montando un tranvía en una visita a

La ciudad de Nueva York cuando se dio cuenta de que el conductor pudiera

apenas ver a través de su parabrisas delantero aguanieve incrustados.

Ventana frontal del carro se dividió en partes de modo que el conductor podía abrirlo, moviendo la nieve o la lluvia cubierto

sección fuera de su campo de visión, pero este sistema trabajaron

muy mal. Expuso cara descubierta del conductor, no

hablar de todos los pasajeros sentados hacia el frente,

al mal tiempo y no mejoró su capacidad de ver

dónde iba, en cualquier caso.

Anderson comenzó a esbozar su dispositivo limpiaparabrisas allí

en el tranvía. Después de varios intentos fallidos, ella vino

un prototipo que funcionaba-un conjunto de brazos de limpiaparabrisas

que eran de madera y caucho y unido a una

palanca cerca del volante del lado de los conductores. ¿Cuándo

el conductor tiró de la palanca, que arrastró la primavera-cargado

brazo a través de la ventana y volver de nuevo, limpiando

las gotas de lluvia, copos de nieve, u otros desechos.

Anderson tenía un modelo de su diseño fabricado y entonces ella presentó una solicitud de patente, EE.UU. 743 801, que era

emitido el 10 de noviembre de 1903. En su patente, Anderson

llamó a su invento, un dispositivo de limpieza de la ventana de electricidad

coches y otros vehículos. Luego trató de interés

empresas en la producción del dispositivo. Desafortunadamente,

la gente se burlaba de su invención, diciendo que los limpiaparabrisas '

movimiento sería distraer al conductor y ocasionar accidentes,

y la patente finalmente expiró.

El estadounidense John R. Oishei formó el Tri-Continental

Corporation en 1917, que introdujo el primer parabrisas

limpiaparabrisas, lluvia de goma, por las ranuras, de dos piezas de los parabrisas que se encuentra en muchos de los automóviles de la época. Estos

primeros limpiaparabrisas mecánicos tuvieron que ser operados

con la mano. O bien el conductor o un pasajero tuvo que trabajar un

manivela para que los limpiaparabrisas van y vienen !

Inventor William M. Folberth solicitó una patente para un

aparatos limpiaparabrisas automático en 1919 , que fue

concedidos en 1922. Los limpiaparabrisas fueron accionados por un motor de aire ,

un dispositivo conectado por un tubo a la tubería de entrada del coche de

del motor . El nuevo sistema accionado por vacío se convirtió rápidamente

equipo estándar en los automóviles, y estuvo en uso hasta

cerca de 1960 . limpiaparabrisas eléctricos modernos , que se adjunta a la parte superior de

el parabrisas , fueron creados por Bosch ya en 1926 , pero

se reservaron originalmente sólo para los modelos de lujo.

TARJETAS DE CRÉDITO

En 1730 , Christopher Thompson, un mobiliario de Inglés

comerciante , creó el primer anuncio conocido de crédito

ofreciendo muebles que podrían ser pagado semanalmente. su

idea fue recogida y usada hasta principios del siglo 20 por

apuntadores . Tarjadores vende ropa que los clientes podrían pagar por

en pequeños pagos semanales . Mantuvieron un recuento de lo que la gente

había comprado en los palillos de madera marcados con muescas.

Durante los años 1800 , los comerciantes intercambiaban rutinariamente

bienes a crédito , con las monedas de crédito y las placas de carga que actúan como moneda. A principios de 1900 , las compañías petroleras estadounidenses

y los grandes almacenes comenzaron a emitir tarjetas de propiedad

que sólo fueron aceptados en sus propios negocios. este

sistema de crédito dio un paso adelante en 1914, cuando Western

Unión dio algunos de sus clientes habituales metal moneda ,

una tarjeta de metal que podría ser utilizado para los aplazamientos sin intereses

en sus pagos . Otras industrias como el petróleo ,

teléfonos , ferrocarriles y líneas aéreas comenzaron a ofrecer similares

tarjetas para el público durante la década de 1930 .

Los EE.UU. prohibió todas las tarjetas de crédito y débito durante

La Segunda Guerra Mundial. Sin embargo , el negocio comenzó en auge

nuevo tan pronto como la guerra había terminado . La primera tarjeta bancaria,

nombrado Encargado -It , fue introducido en 1946 por John Biggins , un banquero en Brooklyn, Nueva York. Las compras sólo pueden ser

de fabricación local y los titulares de tarjetas tenía que tener una cuenta en

Banco Biggins ' .

En 1949 , un hombre llamado Frank McNamara tenía un negocio

cena en un restaurante de Nueva York , pero se olvidó de llevar su

billetera. La experiencia lo convenció de la necesidad de un

alternativa al dinero en efectivo. El próximo año McNamara y su socio

puesto en marcha una pequeña tarjeta de cartón con nombre de la tarjeta Diners Club.

Se utiliza principalmente para viajes y entretenimiento , que era la primera

verdadera tarjeta de crédito. Sin embargo, el proyecto de ley todavía tiene que ser completamente

paga cada mes . En 1958 , American Express lanzó su

propia tarjeta de crédito para competir con Diners Club.

La primera tarjeta de crédito revolving - fue emitido por el Banco de

América en 1958 . El BankAmericard fue la primera en oferta

opciones de pago los titulares de tarjetas ; ya no tenían que pagar

la totalidad de su factura cada mes .

En 1966, un grupo de bancos estadounidenses se unieron para

crear la Asociación de Interbank Card (ICA) , ahora conocido como

MasterCard, para la emisión de tarjetas y procesamiento de transacciones .

Bank of America estableció el Servicio BankAmerica

Corporation, ahora conocido como VISA, ese mismo año . hoy

VISA y MasterCard son tarjetas de crédito más importantes del mundo

asociaciones.

Mensajes de texto (SMS)

Hoy 3600 millones de personas o el 78 por ciento de todos los teléfonos móviles

abonados utilizan SMS , también conocida como la mensajería de texto .

Sin embargo, fue un éxito accidental que tuvo casi

todo el mundo en la industria móvil por sorpresa. La historia

comienza en la década de 1980 , durante el proceso de creación de

el Sistema Global para Comunicaciones Móviles (GSM).

Matti Makkonen , un ingeniero finlandés, propuso una temprana

Concepto de SMS durante el desarrollo del GSM. Su idea

era un sistema de mensajería muy simple que funcione

incluso cuando el dispositivo de recepción se desconecta o

fuera de su área de cobertura. El concepto de SMS era más

desarrollado dentro de la colaboración franco-alemana GSM

en 1984 por Friedhelm Hillebrand y Bernard Ghillebaert .

Su idea principal era volver a utilizar la red GSM , que fue

optimizada para llamadas de voz , para el transporte de mensajes de texto

durante los llamados intervalos de señalización que se necesitaban para

controlar el tráfico de voz . Esta utilización permite de no utilizado

los recursos del sistema a un costo mínimo .

En 1992 , Neil Papworth del Grupo Sema fue el primero en

enviar un mensaje SMS, el uso de una computadora en la Vodafone

Red GSM en el Reino Unido. El mensaje era ' Merry

Christmas ' , envió a Richard Jarvis de Vodafone , que estaba utilizando la primera disposición GSM
teléfono - el Orbitel 901.

Los primeros servicios de SMS informa a los usuarios sobre el correo de voz

mensajes . Proveedores de celulares no pensaron que las personas

querría enviar mensajes unos a otros , porque

todavía lo vieron como un tipo de paginación. Servicios de radiobúsqueda ,

en el que un operador humano en un centro de servicio integrado

y los mensajes de llamadas en los consumidores enviado , había sido

alrededor por algún tiempo . El primer servicio de SMS comercial

vende a los consumidores era una mensajería de texto de persona a persona

servicio por Radiolinja en Finlandia en 1993 .

Crecimiento SMS inicial fue lento, con los clientes GSM en 1995

enviando en promedio sólo 0.4 mensajes por cliente

por mes . Uno de los factores en la lenta adopción de SMS fue

que los operadores eran lentos para establecer los sistemas de carga ,

especialmente para los suscriptores de prepago , y para eliminar la facturación

fraude. También las redes en el Reino Unido sólo permitía a los clientes para enviar mensajes a otros usuarios en la misma red .

Esta restricción fue levantada en 1999 .

A finales de 2000 , el número promedio de mensajes

alcanzado el 35 por usuario por mes y por día de Navidad en

2006 más de 205 millones de mensajes fueron enviados en el Reino Unido solamente .

En 2010 , 6100000000000 mensajes fueron enviados en todo el mundo , que

se traduce en 193.000 mensajes por segundo .

Los asientos de seguridad

Los asientos de seguridad , también conocidos como los asientos de seguridad para niños , son

asientos que están especialmente diseñados para proteger a los niños de

muerte o lesiones durante las colisiones de automóviles. vehículo

accidentes están entre las principales causas de muerte de los niños y

la mayoría de las muertes ocurren porque los niños no son

asegurado en el tipo correcto de asiento de seguridad. Utilizado por primera vez en

1898 , asientos de seguridad tempranos eran poco más que bolsas con una

cordón que se podría unir al asiento del coche . eran

sólo destinada a mantener a los niños de levantarse o caer

de sus asientos cuando un automóvil estaba en la seguridad de movimiento en el niño

en realidad no era una prioridad. Desde entonces, muchas modificaciones

y los ajustes se han implementado para proteger a las personas

que maneje y viaje en automóviles, incluyendo las restricciones

para proteger a los adultos y los niños.

En 1962 , Leonard Rivkin , co -propietario de Guys and Dolls, un de juguete y tienda de muebles niños en Denver, Colorado,

subió con un diseño para el primer asiento de seguridad para la protección de

un niño. En ese momento , asientos delanteros fueron diseñados para voltear

hacia adelante , por lo que , en un accidente , los niños pueden salir despedidos en el

parabrisas. Marco de metal del asiento de coche de Rivkin fue diseñado

para permanecer en el lugar evitando que el asiento del pasajero de

mover de un tirón . Inventor británico Jean Ames también inventó un niño a edades tempranas

asiento de la protección en 1962. El diseño Ames tenía correas que

celebrada el asiento acolchado en el asiento trasero de pasajeros .

Dentro de la sede , el niño fue retenido por una en forma de Y

arnés que se deslizó sobre la cabeza y los hombros y

fue sujetado entre sus piernas.

A finales de los años 60 , auto- diseñadores suecos desarrollaron la primera

Asiento de seguridad para niños diseñado para evitar que un niño

de ser herido en un accidente de auto. Se basaba en

la idea del paseo abajo, es decir , minimizando aceleración relativa

en el vehículo durante un accidente. Su diseño tomó varios años

y de extensas pruebas, pero al final , habían desarrollado

una de las características de seguridad más importantes que se añaden a

automóviles. Sin embargo, durante este período , sólo los más

los padres conscientes de seguridad compraron asientos de seguridad para niños .

En la década de 1970 , frente a un dispositivo de seguridad que trabaja para

niños, pero no ser capaz de convencer al público que

que estaban en un accesorio necesario para el cuidado de niños , había un

empuje masivo para educar al público sobre los asientos de seguridad y la peligros que plantea a los niños de cinturones de seguridad convencionales.

Tennessee fue el primer estado de EE.UU. para aprobar leyes que exigen

el uso de asientos de seguridad para niños pequeños. Entre 1978

y 1985 , cada estado de EE.UU. siguieron su ejemplo . Hoy en día ,

mayoría de los países tienen leyes similares .

Termos

El frasco de vacío , también conocida como un frasco Dewar , Dewar

botella o termo , fue inventado por el físico escocés

y el químico Sir James Dewar en 1892 el invento de Dewar .

fue pensado principalmente para preservar gases licuados , como

nitrógeno líquido e hidrógeno , mediante la prevención de la transferencia

de calor de los alrededores . Consistía en dos frascos,

colocados uno dentro del otro y se unió en el cuello . la

brecha entre los dos matraces contenía un vacío cerca de ese

impedido la transferencia de calor por conducción o convección ,

y sus superficies tenían revestimientos reflectantes para evitar el calor

transferir a través de la radiación. Los primeros termos comerciales

se hicieron en 1904, cuando una empresa alemana , Thermos

GmbH, fue fundada por dos sopladores de vidrio . Llevaron a cabo una

concurso de periódico a nombre de su producto y un residente de Munich presentó ' termo ' , que venía de la

Palabra griega que significa Therme "calor" . Dewar no pudo

registrar una patente para su invención y fue patentado más tarde

por termo a quien Dewar perdió un caso judicial .

En 1907 , Thermos GmbH vendió la marca Thermos

derechos a tres empresas independientes. Ellos desarrollaron

los termos que se tomaron en muchos famosos

expediciones , incluyendo el viaje de Ernest Shackleton a la

Antártida , el viaje de Robert Peary al Ártico en 1909 , y safari africano del presidente estadounidense Theodore Roosevelt

en 1909. También se convirtió en el aire cuando los hermanos Wright

la llevó en sus aviones y el conde Ferdinand von

Zeppelin en sus aeronaves.

En 1911 , se introdujo el primer relleno de vidrio hecho a máquina

para termos y su popularidad creció rápidamente.

Físico estadounidense William Stanley Jr. inventó el Allsteel

botella de vacío en 1913 y comenzó una empresa llamada

Stanley que sigue siendo una de las marcas más populares de

termos en el mercado. Durante la Segunda Guerra Mundial , más de

10.000 termos termos o Stanley salieron con

Tripulaciones de los bombarderos aliados en cada gran redada .

Thermos sigue siendo una marca registrada en algunos países

pero fue declarada una marca generalizada en los EE.UU. en

1963 , ya que se ha convertido en sinónimo de termos en

en general. Este es un ejemplo de "erosión marca comercial ' , que

ocurre cuando una marca se convierte en tan común que se inicia de ser utilizado como un nombre común y la compañía original

falla para evitar tal uso . En este caso , la palabra no puede ser

registrado más. Ejemplos americanos incluyen Aqua- pulmón

(US Divers) , Aspirina (Bayer AG) , Escalera (Otis Elevator

Company) , heroína (Bayer AG) , Kerosene (Abraham Gesner) ,

Tornillo de cabeza Phillips (Henry F. Phillips) , Yo-Yo (Duncan Yo-

Yo Company) y la cremallera (B. F. Goodrich) .

PARACHUTES

La evidencia más temprana de un paracaídas aparece en un manuscrito

a partir de 1470 en Italia. Leonardo da Vinci bosquejó un más

diseño sofisticado hacia 1485 . La viabilidad de su

diseño se verificó en 2000 por el inglés Adrian Nicholas .

Sin embargo , el paracaídas moderno no fue inventado hasta el

finales del siglo 18 por Louis -Sébastien Lenormand en Francia,

quien hizo su primer salto en público en 1783. Dos años más tarde,

acuñado la palabra paracaídas , es decir, "lo que protege

contra una caída. ' En 1802 , André -Jacques Garnerin cruzó la

Canal Inglés en un globo de hidrógeno y demostró

el globo y un descenso en paracaídas en Londres .

Polaco aeronauta aerostático Jordáki Puparento fue la primera

para ser salvado por un paracaídas después de que su globo se incendió en 1808. En 1837 , el artista Inglés Robert Cocking convirtió

la primera persona en morir a causa de un accidente de paracaídas. En 1887,

Aeronauta y pionero de la aviación estadounidense Major Thomas

S. Baldwin inventó el primer arnés del paracaídas .

En 1911 , Grant Morton hizo el primer salto en paracaídas

desde un avión sobre Venice Beach , California. En 1912,

Inventor ruso Gleb Kotelnikov demostró la

frenado, o paracaídas troncocónico desacelerando un ruso-

Balt automóvil que viajaba a toda velocidad. Él también desarrolló el primer paracaídas de mochila .

Štefan Banič creó el primer paracaídas militar en

1914, que ayudó a salvar a muchos aviadores de la Fuerza Aérea de los EE.UU.

durante la Primera Guerra Mundial Thomas Orde - Lees , conocido como el

Mad Major, demostró que los paracaídas se podrían utilizar

con éxito desde una altura baja. En 1916 , Solomon Lee Van

Estilo mochila Meter Jr. ' s Life Buoy Aviatory añadió un importante

mecanismo de la liberación rápida ripcord - permitiendo la caída

aviadores para expandir el dosel sólo después de que estaba a salvo. todo

los paracaídas modernos tienen un cordón de apertura .

Comenzando con Italia en 1927 , varios países

experimentado con el uso de paracaídas para caer soldados

detrás de las líneas enemigas. Operación Market Garden , realizado

por los aliados durante la Segunda Guerra Mundial en 1944 , se considera

la operación militar más grande jamás en el aire .

En 1937 , los aviones soviéticos en el Ártico fueron los primeros en

utilizar los paracaídas paracaídas de frenado para proporcionar apoyo a polar expediciones como la primera estación tripulada hielo a la deriva

North Pole - 1 . Estas rampas permiten aviones a la tierra

con seguridad en los pequeños témpanos de hielo . El desarrollo del nuevo deporte

paracaídas comenzó a principios de 1960 . A fines de 1970 ,

parafoils que se ven como las alas y puede ser dirigido como

aviones, se estaban convirtiendo en popular.

LÁMPARAS DE CALLE

La necesidad de la iluminación pública se remonta al antiguo

veces. Alrededor del año 50 aC , los romanos utilizaban gran

lámparas de aceite de metal con una mecha fibrosa y un depósito de

aceite vegetal. La palabra latina que se refiere a un laternarius

esclavo responsable para la iluminación de estas lámparas . Esta tarea

seguido ser realizado por personas especiales durante el

Edad Media , cuando los llamados enlaces chicos escoltaron personas

a través de turbias y sinuosas calles .

En 1417, Sir Henry Barton, alcalde de Londres, ordenado

' linternas con luces para ser colgados hacia fuera en el invierno

noches entre Hallowtide y Candlemasse ", es decir ,

entre el 1 y 2 de noviembre . Por 1716, todas las casas en Inglaterra

frente a una calle o carril se requiere para pasar el rato una o

más luces seis-once o enfrentar multas.

Las farolas de gas de combustión más tempranos fueron construidos en el

Imperio árabe , especialmente en Córdoba, España , alrededor del año 1000

AD . Fue el ingeniero e inventor escocés William

Murdoch quien fue el primero diseñado gaslights prácticas en el

década de 1790 . Inicialmente estas lámparas sólo se utiliza el gas de carbón . en

1802 , Murdoch realizó una exhibición pública de la iluminación de gas

que asombrado y sobrecogido a la población local. pero

Inventor y empresario alemán Friedrich Albrecht Winzer fue la primera persona a la patente de iluminación carbón - gas

en 1804. En 1807 , instaló luces de gas en Pall de Londres

Centro Comercial . Después de eso, la iluminación de gas se extendió rápidamente a través de la

mundo industrializado .

En 1857 , los ingenieros franceses Lacassagne y Thiers instalados

alumbrado eléctrico en La Rue Impériale en Lyon , Francia,

que se convirtió en la primera calle a ser iluminado por una permanente

instalación eléctrica. Arco farolas eléctricas primeros utilizado

lámparas, que había sido inventado por el químico británico Sir

Humphry Davy en el siglo 19 . Tales lámparas

ganado París su apodo "Ciudad de las Luces ' .

Pero esto no significa el fin de las lámparas de gas . En 1885,

Científico austríaco Carl Auer e inventor von Welsbach

patentado el manto de gas. Generó un brillante intenso

luz y era popular por varias décadas.

Luces de arco pasaron fuera de uso para el alumbrado público en el

final del siglo 19 . Fueron reemplazados por barato,

bombillas incandescentes fiables y brillantes, que

dominado el alumbrado público durante muchos años . La alta presión

de sodio (HPS) lámpara de vapor es dominante hoy

porque es de alta eficiencia energética y la mayoría de los colores aparece

bien en él . Estas lámparas funcionan cuando una corriente eléctrica

pasa a través de un gas ionizado (plasma) de átomos de sodio

para generar luz .

CHALECOS SALVAVIDAS

Los chalecos salvavidas son también conocidos como dispositivos de flotación personal

(PFD) , chalecos salvavidas , Mae Wests , chalecos salvavidas, salvavidas ,

chaquetas de corcho, flotadores y trajes de flotación . El más

antiguos chalecos salvavidas fueron hechos de piel de animal inflada

vejigas y hueco, sellados calabazas .

Alrededor de 870 aC , el ejército del rey asirio Asurbanipal utiliza

pieles de animales inflables para cruzar un foso . Este incidente fue

documentado en una talla de piedra que ahora se puede ver en la

Museo Británico de Londres . Un inglés llamado Dr. John

Wilkinson patentó un chaleco salvavidas de corcho en 1765. En su libro

titulado Preservación del marinero del naufragio , Enfermedades y

Otras calamidades de Incidentes a los Navegantes , Wilkinson describió

los beneficios de sus salvavidas de corcho . Pero esos eran los PFD

no se publicó a los marineros navales hasta principios del siglo 19.

La primera decisión seria para la fabricación de chalecos salvavidas en cantidad se hizo en 1851 tras la muerte de 20 de

24 pilotos en el río Tyne en el Reino Unido cuando su barco

volcado. Tras la tragedia , el capitán John Ross

Ward, un inspector de la Royal National Lifeboat Institution

en el Reino Unido , diseñó la primera vida moderna

chaqueta. Su diseño fue llenado con el corcho y tenía 24 libras

de flotabilidad. El diseño era tan popular que se mantuvo en servicio hasta después de la Segunda Guerra Mundial, un siglo más tarde!

En 1852, los EE.UU. se convirtió en el primer país que requiere la vida

chaquetas para todos los pasajeros a bordo de buques comerciales.

Otros países siguieron el ejemplo y la década de 1890 . celdas estancas

lleno de ceibo , el pelo esponjoso semillas del árbol Bombax ,

finalmente reemplazado material de corcho en los chalecos salvavidas originales.

Otro material flotante utilizado fue la madera de balsa . vario

espumas sintéticas ahora han sustituido ambos estos materiales .

Todos los chalecos salvavidas tempranos eran naturalmente optimista y no lo hicieron

necesitará la inflación. En 1928, el estadounidense Peter Markus de Kansas

City, Missouri, inventó el primer salvavidas inflable,

comúnmente conocido como el Mae West . Era popular entre los

Aliado aviadores durante la Segunda Guerra Mundial. Ellos fueron emitidos

Mae Wests como parte de su equipo de vuelo .

Un problema serio con diseños de la chaqueta de la vida temprana fue que

no eran autoadrizará . Muy a menudo las personas que usan

les caerían encima , cara de la tierra abajo, y si fueran

inconsciente , se ahogan . Investigación para mejorar el diseño era

llevado a cabo en el Reino Unido por el profesor Edgar A. Pask y dirigido al 1952 Almirantazgo patrón 5580 inflable, autoadrizará

chaqueta - una vida maravilla de simplicidad de diseño , rendimiento,

y durabilidad . Este diseño ha sido copiado en todo el

mundo y es incluso ahora en servicio.

agua embotellada

Agua y agua de manantial mineral Originalmente fueron los más

tipos populares de agua embotellada . Mucha gente cree que

agua mineral tiene efectos medicinales y que el agua de manantial

fue especialmente pura , ya que acababa de salir de la

suelo y no se había utilizado . Muchas famosas fuentes termales también

producir naturalmente gaseosa , agua mineral , agua, como Vichy

Catalán , Ferrarelle , Wattwiller , Apolinar , y Perrier . la

al suroeste de la ciudad alemana de Niederselters , que contiene una

como la primavera, es el homónimo de Selters agua o soda.

Fue el francés que primero trató de explotar comercialmente

fuentes de agua naturales con Evian , el nombre de la ciudad

de Evian -les- Bains. Un baño termal fue abierto cerca en

1821, junto a la fuente Cachat cerca del lago de Ginebra. Venta de la

agua misma se inició en 1829 y fue empaquetado inicialmente en

recipientes de barro . Johann Jacob Schweppe , que

desarrollado un proceso para la fabricación de mineral con gas

agua, fundó la empresa de bebidas Schweppes Inglés

en Ginebra. Schweppes fue el primero en introducir en botella

del agua en Europa y se utiliza la Gran Exposición de 1851

en Londres como una oportunidad de mercado muy singular. la

agua que la compañía embotella vino de la famosa

Primavera Malvern en Inglaterra. En 1845 , la familia de Ricker de Maine comenzó a embotellar y vender

agua de una fuente no identificada . Su pequeña operación

creció rápidamente a medida que capitalizan en la primavera de supuesta

propiedades medicinales y con el tiempo se convirtió en el famoso

Poland Springs empresa de agua , que todavía existe .

Mientras que marcha a Roma en el año 218 aC , Aníbal había utilizado el

Perrier primavera en el sur de Francia . En 1888 , los franceses

Emperador Napoleón III vendió los derechos de la primavera a un doctor

Louis Perrier y un agricultor local. La idea de comercializar el

agua naturalmente gaseosa de primavera fue la creación

de Inglés aristócrata St. John Harmsworth . compró

la primavera de la Dra. Perrier y también nombró a la final

producto después de él para proporcionar un sentido de la autoridad médica.

Hubo poco crecimiento en el agua natural embotellada

industria durante la primera parte del siglo 20 . la

empresas embotelladoras formaron su propio grupo de presión en

1950 con el fin de promover su producto , pero las ventas crecieron muy

lentamente al principio . Nuevamente Evian tomó la delantera en la década de 1950 por

la venta de su agua con la afirmación de gran alcance, "para ayudar a lactante

madres y [proporcionar] minerales importantes para los niños ' .

Desde entonces, el paisaje del agua embotellada se ha expandido tremendamente. Ahora hay cientos de empresas

y miles de marcas de agua embotellada y su

las ventas en todo el mundo están en miles de millones de dólares.

TARJETAS POSTALES

La tarjeta postal antigua que se conoce fue un pintado a mano

diseñar en una tarjeta. Era una caricatura de los trabajadores en el puesto de

oficina y fue publicada en Londres por el escritor , compositor

y bien conocido bromista , Theodore Hook, en 1840,

teniendo un sello negro centavo.

Fue en 1861 que John P. Charlton de Filadelfia,

EE.UU. , diseñó la primera tarjeta producida comercialmente .

Él patentó su diseño, pero vendió los derechos a Himeneo L.

Lipman , quien le cambió el nombre Tarjeta Postal de Lipman . La tarjeta

fue vendido con un borde decorado. Sin embargo , en mayo de

13 de 1873 , el gobierno de EE.UU. prohibió las emisiones privadas

tarjetas postales . Postmaster John Creswell introdujo el

primeros oficiales pre - estampadas penique postales más tarde ese año .

La idea de la tarjeta postal emitido oficialmente en Europa

se acreditó a oficial de correos alemán Dr. Heinrich

von Stephan en 1865. Pero temiendo la pérdida de ingresos postal,

el plan no fue ejecutado en el norte de Alemania hasta julio

1870. Dr. Emanuel Herrmann sugirió una idea similar

al gobierno austro -húngaro. Esto fue rápidamente

aprobado y la primera carta fue emitida en octubre

Primero de 1869. Acompañado con un sello impreso, este

tarjeta postal gubernamental fue llamado un Corresponendz

Karte o tarjeta de Correspondencia. La tarjeta postal impresa primero conocido , con una imagen

por un lado, se creó en Francia en 1870. Hubo

no hay espacio para las estampillas y no hay pruebas de que eran

jamás publicado sin sobre . La primera publicidad

tarjeta apareció en 1872 en Gran Bretaña. The Universal

Unión Postal se formó ese mismo año y se sustituye

tratados individuales entre las naciones con un conjunto aceptado

de reglamentos compatibles rigen correo internacional .

El acuerdo permitió tarjetas postales emitidos por el gobierno

para ser enviado internacionalmente desde el principio de 1875 .

Tarjetas que muestran imágenes aumentadas en número durante el

1880. Imágenes de la Torre Eiffel de nueva construcción en 1889 y

1890 dio impulso a la postal, dando lugar a la llamada

edad de oro de la postal de derechos en los años siguientes a la

mediados de la década de 1890 . En julio de 1879, la Oficina de Correos de la India presentó

una postal cuarto anna . Esto fue seguido por tarjetas postales que

estaban destinados específicamente para el uso por el gobierno en abril de 1880,

y postales respuesta en 1890. Postales aún permanecen

popular en la India y en el extranjero .

¿Sabía usted ?

El estudio y colección de tarjetas postales se denomina deltiology .

Se cree que es la tercera más grande afición coleccionable en el

mundo , sólo superada por la moneda y el coleccionismo de sellos .

alambre de espino

Esgrima consiste en alambre plano y delgado fue propuesta por primera vez

en 1860 en Francia por Leonce Eugene GRASSIN - Baledans .

Su diseño había erizado puntos creando un cerco que

fue doloroso para cruzar . Numerosas patentes siguieron, pero

ninguno de estos cables nunca se produce comercialmente .

En 1868 , un herrero llamado Michael Kelly de Nueva

York se concedió una patente para cercar específicamente para

disuadir a los animales . Las primeras alambradas consistían sólo

de un hilo de alambre , que fue frecuentemente interrumpida por

el peso de prensado contra el ganado. Kelly hizo una

mejora significativa retorciendo dos cables juntos .

Conocida como la cerca espinosa , el diseño de la doble cadena de Kelly

fue el primer alambre de púas con éxito .

José F. Glidden, un granjero americano , se acredita a menudo

para diseñar el primer éxito comercial de púas

de alambre . La idea de Glidden provenía de una exhibición en una feria en

DeKalb , Illinois, en 1873. Allí vio a una valla de madera

con salientes de alambre diseñados para disuadir a las vacas . leyenda afirma que la esposa de Glidden Lucinda le animó a

adjuntar su jardín con su idea. Luego ganó varios

batallas judiciales sobre los derechos de su invento , un simple

Barb Wire bloqueado sobre un alambre de doble cadena , por lo que llegó a

ser conocido como el ganador . Glidden y un socio establecieron la Valla Barb

Company en DeKalb para fabricar el ganador . ellos

inventado un método para el bloqueo de las púas en su lugar y el

maquinaria para producirlo en masa . En el momento de su muerte,

Glidden fue uno de los hombres más ricos de América. Hoy su

diseño sigue siendo el estilo más familiar de alambre de púas.

Los principales cambios que se han hecho para el alambre de púas

desde la década de 1870 han sido la reducción de las lesiones mediante el aumento

visibilidad. Por ejemplo , Jacob y Warren Brinkerhoff

introducido cables trenzados y planos en 1879 y 1881. El

American Steel and Company Alambre tiempo se convirtió en

el fabricante dominante. Ellos controlaban todos los aspectos

de la producción de la producción de las barras de acero para hacer

muchos alambres y clavos productos diferentes de ella .

Alambre de púas ha tenido importantes efectos sociales y económicos ,

sobre todo en el oeste americano. Permitió a los ganaderos

encerrar sus tierras y confinar anteriormente manadas de gallinas camperas

de ganado. También afectó severamente los medios de vida de nativo

Estadounidenses que le dieron el apodo triste Diablo

cuerda . Alambre de púas, también ha visto un amplio uso en la guerra ,

comenzando con la Guerra Española - Americana en 1898. En

La Primera Guerra Mundial, el tanque como lo conocemos fue inventado para

romper las defensas de alambre de púas .

IMPERMEABLES

Tribus americanas nativas de la cuenca del Amazonas han sido

utilizando la savia del árbol de caucho para hacer ropa a prueba de agua

durante cientos de años . Los antiguos chinos usaban muchos

materiales para la fabricación de capas de lluvia impermeables , como la paja ,

juncia , y silvergrass chinos. Por el principio de la

Dinastía Ming (1368 - 1644) , se utilizaron elaboradas capas de petróleo.

Éstos fueron hechos de telas como la seda común, sino tratados

con aceite de color amarillo (el aceite de tung) para repeler el agua .

Botánico francés François Fresneau utiliza goma para

impermeabilización de tela después de ver a los nativos americanos en

Guiana francés haciendo lo mismo. En 1763 , describió

cómo había preparado tela impermeable sumergiéndola en

soluciones de caucho con trementina como disolvente . escocés

médico John Syme llevó a cabo experimentos similares en 1821.

La primera capa de lluvia, sin embargo, no hizo uso de goma. Realizado por G.

Fox de Londres en 1821 , fue llamado Acuático de Fox y se utiliza

Gambroon , un tipo de tela de lino .

Los primeros intentos de utilizar el caucho no habían tenido éxito porque la dureza de caucho natural varía con

temperatura . Esto hizo que la ropa difícil de llevar . escocés

químico Charles Macintosh encontró la solución en 1823.

Proceso de Macintosh involucrado intercalando una capa de caucho moldeado entre dos capas de tela que tenían

sido cepillado con caucho disuelto en nafta . Su primera

cliente era el ejército británico. De hecho , siguen siendo impermeables

llamado Mackintosh o Mac en el Reino Unido .

En 1839, el estadounidense Charles Goodyear desarrolló vulcanizado

de caucho , que es más elástica y más fácil de moldear . Inglés

fabricante Thomas Hancock utiliza el caucho vulcanizado

para mejorar la gabardina Mackintosh en 1843. Americana

empresas introdujeron el proceso de calandrado en 1849

en la que se aprobó el paño de Macintosh entre climatizada

rodillos para que sea más flexible y resistente al agua.

Durante la Primera Guerra Mundial, el inventor Inglés Thomas Burberry

creó la gabardina todo tipo de clima . Estaba hecha de un tipo

de algodón llamado gabardina Burberry que inventó y

fue procesada químicamente para repeler la lluvia . Estas gabardinas

se hicieron originalmente para los soldados, pero se hizo popular

con muchos civiles después de 1918 .

Telas tratada con aceite , generalmente de algodón y seda, se convirtieron en

popular en la década de 1920 . Por ejemplo , hule fue hecha por

cepillado aceite de linaza en la tela , lo que hizo que la repelen paño

agua. Impermeables de vinilo , nylon y plástico se convirtieron

popular después de la Segunda Guerra Mundial. Impermeables modernos están hechos de una variedad de materiales de alta tecnología como el Gore- Tex y

microfibra.

BICICLETAS

Barón alemán Karl von Drais inventó la primera práctica

bicicleta en 1817. Drais ' draisienne , velocípedo , o caballo de batalla

era un dispositivo de dos ruedas sin pedales. El jinete

propulsado empujando sus pies contra el suelo.

Velocípedo Drais ' inspiró un obrero metalúrgico francés (ya sea

Ernest Michaux o Pierre Lallement) para agregar manivelas giratorias

y los pedales al cubo de la rueda delantera alrededor de 1863, la creación de

la primera bicicleta moderna pedal . En 1868 , Michaux

y de la compañía se convirtió en el primer productor de masa de bicicletas.

Sus marcos rígidos y ruedas de hierro bandeado les dio la

Boneshakers apodo descriptivos. mejoras posteriores

incluidos los neumáticos de goma maciza y rodamientos de bolas .

Eugene Meyer en Francia y James Starley en Inglaterra

inventó la alta bicicleta, ordinaria o velocípedo

alrededor de 1870. Tenía una rueda delantera grande que viajó

aún más con cada rotación de los pedales . Ordinarios eran

rápido pero muy inseguro . Sin embargo , el inglés Thomas

Stevens montó uno en todo el mundo entre 1884 y 1886.

En 1885 , John Kemp Starley produjo el primer éxito

bicicleta de seguridad , el Rover. Ofreció una rueda delantera orientable ,

ruedas de igual tamaño , y una transmisión de cadena a la rueda trasera . En 1890 , se había sustituido por completo el alto ruedas.

Mientras tanto, en 1888, un veterinario irlandés llamado John

Dunlop había inventado el , neumático de caucho lleno de aire a

hacer el triciclo de su hijo joven cómoda. Fue adoptado

de la bicicleta de seguridad , por lo que es más ligero y más suave.

Por el comienzo del siglo 20 , los clubes de ciclismo fueron

cabildear por mejores caminos , literalmente, allanando el camino para la

automóvil . Adolph Schoeninger comenzó la rueda de Western

Obras en Chicago donde fue pionero en la producción en masa

métodos para sus bicicletas de la Media Luna , que redujo drásticamente

precios y posteriores inspiradas Henry Ford. La bicicleta de seguridad

mujeres liberadas , tanto de la casa y restrictiva

vestidos. Famoso Susan B. Anthony feminista dijo: " Creo que

[bicicleta], ha hecho más por la emancipación de las mujeres que

cualquier otra cosa en el mundo . ' Frances Willard , otro bien conocido

feminista, dije ' No voy a malgastar mi vida en la fricción

cuando se podría convertir en el impulso. " En 1895 , Annie

Londonderry se convirtió en la primera mujer en bicicleta alrededor

el mundo .

El desviador (cambio de marchas) se encontró en más moderna

bicicletas se desarrolló en Francia entre 1900 y 1910.

Con palanca de cambios electrónicos y ligero, aerodinámico

marcos de fibra de carbono , bicicletas de hoy son muy

sofisticada y más popular que nunca.

Helados:

Hay varios contendientes para la invención de los primeros

heladera , desde el famoso emperador romano Nerón

a los chinos que afirman que Marco Polo tomó prestado su

receta y lo introdujo a los europeos. También hay

numerosos relatos de postres a base de frutas mezclados

con nieve en latín y la literatura griega antigua .

Muchas personas diferentes se han acreditado con la invención

de la primera moderna heladera . Muchos historiadores coinciden en

que en 1843 , American Nancy M. Johnson se le ocurrió una

diseñar para un fabricante de helados de manivela .

Su idea se basaba en el conocimiento práctico . implicó

usando dos latas , uno más pequeño que el otro, de modo que el

primero podría ser colocado en el interior del segundo bote . El más grande

se fue llena de sal y hielo. La lata más pequeña se llenó

con una mezcla de leche , sabor , y el azúcar . Una manivela con un

paleta de mezcla se colocó dentro de la mezcla de leche y

saborizantes para ayudar a batir los ingredientes. La sal ayudado

para estabilizar el hielo como la mezcla se agitaba constantemente ,

convirtiéndolo en una consistencia suave y cremosa . Este proceso

ayudado a reducir el helado tiempo de producción , pero

Johnson no se aferran a su patente. Ella recibió $ 200 para

la invención de William Young, quien lo nombró el helado de Johnson Patente Freezer .

Algunos también afirman que Augusto Jackson , un chef en el White

Casa en Washington DC, inventó el primer helado

fabricante en 1832 Se cree . que Jackson sirvió exótico helado

sabores como postres en las cenas de Estado de la Casa Blanca

para los clientes de la primera dama Dolley Madison . experimentó

con el proceso de elaboración de helados , tratando de hacer que sea menos

laborioso, y se acercó con una temperatura controlada ,

sistema basado paddle- que utiliza hielo y sal. esto ayudó

para revolucionar la forma de helado se hizo en el Blanco

Casa , pero él no tenía tiempo para patentar su idea.

Muchas personas han contribuido a la evolución del helado

fabricantes desde entonces. Algunas notables contribuciones

incluir un congelador , sólo para hielo congelación , desarrollado por

Agness B. Marshall de Londres. Podría congelar un litro de hielo

en menos de cinco minutos. Afroamericano inventor Alfred

L. Cralle se atribuye la invención del Molde del helado

y Disher en 1897. Su invento ayudó a mantener el helado

fuera de las paredes del recipiente y era fácil de operar.

Americano Jacob Fussell improvisó sobre helado de Johnson

Congelador y construyó el primer éxito comercial

planta de helados en 1909 que produjo 30 millones de galones

de helado cada año .

CAFETERA

La historia de la máquina de café , al igual que muchos de los inventos ,

tiene varias vertientes. Sus orígenes se remontan a la

Turcos, que se sabe que tienen preparado un café como

Ya en 575 AD . ¿Qué ha pasado desde entonces hasta la

principios del siglo 19 no es muy clara . Sin embargo , el ritmo

de desarrollo acelerado una vez que el primer café moderno

cafetera eléctrica fue inventada alrededor de 1818.

Los orígenes de la primera cafetera moderna se pueden remontar

de vuelta a Francia . Un dispositivo conocido como biggin , una de dos niveles

cafetera en la que el agua se vertió en la parte superior

cámara para drenar a través de perforaciones en la parte baja

cámara y en una olla de café , fue probablemente el primero de goteo

cafetera. Al mismo tiempo, otro inventor francés

se acercó con la cafetera de bombeo. Este café

fabricante de obligado ebullición del agua en el compartimiento inferior

para subir un tubo, y luego por goteo a través del suelo

los granos de café en el compartimiento inferior. hasta

la década de 1950 , se prefirieron esas cafeteras de bombeo

por muchas amas de casa , los vaqueros y pioneros en el

Estados Unidos . En 1840, el vacío de la máquina Napier fue

introducido . Mientras que esta cerveza era complejo de operar,

podría hacer una taza de café claro - algo que todos los

premios amante del café . La cafetera de vacío utiliza calor para hervir agua en un compartimiento inferior , lo que ampliaría

y se ven obligados a desplazarse hacia arriba a través de un tubo estrecho en

un compartimiento superior que contiene café molido .

Una vez que el café había sido elaborada con la satisfacción , el calor

sería descontinuado . El vacío creado como resultado de

esto ayudaría a dibujar el café preparado de nuevo en el

la cámara inferior a través de un colador . Napier Vacuum café

los responsables siguen siendo populares hoy en día .

James Nason de Massachusetts, EE.UU. , se le atribuye la

diseño de una cafetera a principios de 1865, pero fue

otro americano llamado Hanson Goodrich que inventó

la moderna percolador anafe . Recibió una patente

por su invento el 16 de agosto de 1889. Su diseño era muy

similares a los que se venden hoy en día . Versiones eléctricas de

la cafetera fuegos se desarrolló a finales de la década de 1800 .

Los consumidores les encantó , ya que les permitió preparar la olla

tras bote de café sin tener que lidiar con una estufa .

La invención de Mr. Coffee , la primera en el mercado

éxito cafetera automática de goteo , en 1972 ,

revolucionado la forma de café se elabora . Fue tan popular

con los consumidores que percoladores casi se extinguieron .

Incluso hoy en día , la mayoría de los fabricantes de café por goteo son simplemente variaciones

del diseño de Mr. Coffee .

BLENDERS

En 1919, Stephen J. Poplawski , propietario de la Stevens

Compañía eléctrica, estaba bajo contrato con el Arnold

Compañía eléctrica para el diseño de la bebida -mezcladores . durante

este período , él subió con un diseño innovador , que

se utilizó inicialmente para mezclar la leche malteada Horlicks sacude a

fuentes de soda . En 1922 , recibió una patente para ello . también

llegó con el diseño de una licuadora licuadora alrededor

al mismo tiempo que su nueva bebida - mezclador.

En la década de 1930 , American Fred Osio creado un nuevo tipo

de la licuadora por la mejora en el diseño de Poplawski . él

acercado a un músico popular, Fred Waring, para financiar

y promover su diseño, el Milagro Mixer; en 1933. Fred

Waring rediseñó mejorando el diseño del eje cuchillo

y sellado jar y lanzó su propia versión del Waring

Blendor , en 1937. Rápidamente se convirtió en una herramienta indispensable en

hospitales y clínicas para la preparación de alimentos específicos de la dieta y

ayudado en gran medida en la investigación científica básica. Dr. Jonas Salk

utilizado para el desarrollo de uno de los grandes éxitos médica

historias del siglo - primera vacuna contra la polio 20a oral.

En 1937 , el WG Barnard de Vitamix introdujo un nuevo tipo

de la licuadora también conocida como la licuadora que utiliza un acero

contenedor de acero en lugar del vidrio Pyrex utilizado en la licuadora jar de Waring . En 1946 , John Oster del Equipo Peluquería Oster

Company compró Stevens compañía eléctrica de Poplawski

y comenzó a diseñar su propia licuadora, la Osterizer ,

que a su vez fue adquirida por Sunbeam Products , en 1960.

Mezcladores tradicionales Osterizer todavía se venden hoy en día.

Por la misma época , los inventores de Europa y Brasil

se acercó con sus propias variaciones de la licuadora. En 1943 ,

Traugott Oertli , de nacionalidad suiza , diseñado una licuadora, el

Turmix Standmixer , basado en el diseño de mezclador Waring .

Oertli también vino con un aparato, el exprimidor Turmix ,

capaz de extraer el jugo de las verduras y frutas.

Él comenzó a vender esto como un accesorio con su Turmix

licuadora. En 1944 , el brasileño Waldemar Clemente, propietario

del Walita Electric Appliance Company , se le ocurrió

con la Walita de neutrones Blender basado en la Turmix

Standmixer . Clemente también se acredita con subir

con liquidificador , una palabra que aún hoy en día es sinónimo de

licuadora en Brasil. Waldemar Clemente adquirió la

patentes para licuadoras y exprimidores turmix en Brasil y usados

Estrategia de marketing europeo de Turmix vender más de

un millón de licuadoras de la década de 1950 . Al mismo tiempo ,

Walita comenzó licuadoras fabricación de Philips, Sears,

Siemens, turmix , y muchas más empresas. En el año 1971 ,

Royal Philips Co. adquirió Walita , que se convirtió en una parte

de la división de electrodomésticos de cocina de Philips.

coladores de té

Coladores de té o infusores se utilizan para capturar las hojas de té sueltas

mientras se vierte el té . Su historia se remonta a

los chinos que desarrollaron coladores de bambú para quitar

té mojada sale de una olla de barro , en el siglo 10 antes de Cristo. pero

no fue sino hasta el siglo 17 que el té hizo su camino desde

China en los salones de la aristocracia británica. con

su entrada en la cultura británica llegó la invención de la primera

coladores de té modernos. Éstos fueron hechos de plata esterlina

(una aleación que contiene un 92,5 por ciento de plata y un 7,5 por ciento

cobre en masa) , y se utiliza sobre todo por el Inglés upper

clases . No fue sino hasta el siglo 20 que el té

se convirtió en una bebida popular en el Reino Unido y coladores de té

comenzó a ser producido en masa . Para entonces, los británicos estaban

la fabricación de diferentes tipos de filtros , algunos lo suficientemente grande

para adaptarse a un vaso de agua , otros lo suficientemente pequeño como para caber en standardsized

tazas de té .

Hay varios tipos de filtros disponibles hoy en día ,

aunque todos ellos están siendo amenazados por el omnipresente

bolsa de té.

Un colador de pirámide, que como su nombre indica es

de forma piramidal , está hecho de malla . Las hojas de té son

insertada dentro de la pirámide y luego sumergidos en agua hirviendo. La parte inferior de la pirámide se abre de modo que el utilizado hojas se pueden quitar fácilmente .

Bolas de té son de forma esférica y trabajan en el mismo

principio como coladores de té pirámide. La diferencia es que

se abren en el centro. Están disponibles en diferentes

materiales como el metal , malla, y acero inoxidable.

Coladores Spoon parecen una cuchara cubierta de metal

con pequeños agujeros salpicando ella. Estos son generalmente más pequeños

que los coladores de té de la bola y de la pirámide y no son realmente

destinada a preparar una buena taza de té.

Pinzas de té tienen asas largas que se abren el colador en la

extremo opuesto cuando se aprieta. Coladores de nylon se sientan en la parte superior de

un vaso de agua en lugar de estar inmerso en el interior. El té se empapa

en agua hirviendo y después se vertió en una taza a través de la

colador , que para que las hojas caigan en la copa.

Coladores de té -stick tienen forma de plumas de metal con agujeros

en ellos . Ellos deben ser sumergidos en una taza caliente de agua,

con las hojas de té colocan en el interior .

Por último, pero no menos importante es el filtro de la novedad , que funciona como

cualquier otro filtro , pero está disponible en una variedad de tamaños y

formas como osos de peluche , los dinosaurios, y los corazones .

EDULCORANTES ARTIFICIALES

El azúcar de plomo o acetato de plomo fue el primer azúcar

sustituto, ampliamente utilizado por los antiguos romanos en su

vinos y mermeladas. Pero el estudio muestra ahora que es tóxico.

La gente famosa , como el Papa Clemente II en 1047 , tienen aún

muerto por envenenamiento de acetato de plomo . Hoy sustitutos de azúcar de seis

están en uso común - stevia , aspartamo , sucralosa ,

neotamo , acesulfamo de potasio , y sacarina .

Stevia se extrae de las hojas de las plantas de estevia y tiene

ha utilizado como edulcorante natural en América del Sur para

siglos . No causa niveles de glucosa en la sangre para aumentar

después de comer (cero índice glucémico) y tiene cero calorías.

Por lo tanto, se está convirtiendo en muy popular en muchos países.

Un edulcorante a base de stevia llamado Truvia fue aprobado en

los Estados Unidos en 2008 .

El científico estadounidense James M. Schlatter en la GD Searle

Company descubrió el aspartamo en 1965. Él estaba trabajando

sobre un medicamento contra la úlcera y el ya derramado accidentalmente algunos

aspartamo en su mano. Luego se lamió los dedos y

notado un sabor dulce. De hecho , el aspartamo es aproximadamente 200 veces

tan dulce como el azúcar . Se vende como Equal, NutraSweet , y

Canderel . No es muy adecuado para la cocción , ya que rompe

vuelve abajo y menos dulce cuando se calienta . La sucralosa es un azúcar con cloro que es cerca de 600 veces

tan dulce como el azúcar normal. Fue descubierta accidentalmente

en 1976 por los investigadores Leslie Hough y shashikant

Phadnis en el Queen Elizabeth College de Londres. uno

día Hough dijo Phadnis para probar un azúcar con cloro

compuesto . Phadnis oído mal y pensó que Hough

le había pedido que probarlo y se encontró que el compuesto es

excepcionalmente dulce. El producto fue rápidamente populares

ya que se mantuvo dulce cuando se calienta y se podría utilizar

para hornear y freír. Las marcas comunes de sucralosa

incluir Splenda , Sin Azúcar Natura , Sukrana , SucraPlus ,

y Nevella .

La sacarina fue sintetizada en 1879 por los químicos Ira Remsen

y Constantin Fahlberg en la Universidad Johns Hopkins, en

Baltimore, Maryland . También se descubrió por accidente,

Según los informes , cuando Fahlberg notó un sabor dulce en su

entregar una noche. En 1884 patentó Fahlberg y nombró

el compuesto . Más tarde se enriqueció a partir de su descubrimiento ,

pero nunca reconoció el papel de Remsen en ella. sacarina

primero se hizo popular durante la Primera Guerra Mundial, cuando hay

Había escasez de azúcar. Es 300-500 veces más dulce que

azúcar, pero deja un sabor amargo o metálico . El más

la popular marca americana de la sacarina es hoy Sweet ' N

Low.

LECHE CONDENSADA

La leche condensada es la leche de vaca de la que tiene el agua sido eliminado . Por lo general es endulzado con azúcar,

lo que aumenta su vida útil en prevenir el crecimiento

de microorganismos .

El consumo de leche era un riesgo significativo para la salud antes de que el

Del siglo 19. Recta leche de la vaca estropeada dentro

horas durante el verano y enfermedades causadas conocido como

la Milksick , el veneno de la leche , los brazos caídos , tiembla , y el

mal la leche. Para combatir estas enfermedades , el francés Nicolas

Appert leche condensada por primera vez , en 1820 .

En los Estados Unidos, la leche condensada sólo apareció en

1853 , producido por un productor de leche llamada Gail Borden

Jr. En 1852, Borden estaba regresando , por mar , de un viaje a

Inglaterra, cuando las vacas en la bodega del barco se hizo demasiado

mareo de ser ordeñadas y debido a esto , un inmigrante

bebé murió. Borden fue devastada por la muerte y

comenzó a tratar de conservar la leche cruda. Eventualmente él fue

inspirado en la tacha hermético utilizado por los Shakers ,

un grupo religioso , para condensar zumo de fruta, y pudo

para reducir la leche sin que se quemen o cuajando él. Su primera

leche condensada duró tres días sin estropearse. Borden obtuvo una patente para el endulzado , condensada

leche en 1856. Pero el producto no fue bien recibido por los

el público que estaban acostumbrados a la leche aguada , con

tiza añadido por la blancura y la melaza de cremosidad .

Se quejaron de la apariencia y el sabor de

leche condensada . Producto original de Borden , que era

fabricado con leche desnatada y carecían de nutrientes , era

incluso culpó por su contribución a la raquitis contemporáneos

epidemia en los niños.

Como resultado , primero dos fábricas de Borden fracasaron y sólo el

tercero , en Wassaic , Nueva York , produjo un producto utilizable

que era de larga duración y no necesitaban refrigeración.

Su negocio fue ayudado de forma inesperada por una pieza de

el periodismo de investigación en el periódico ilustrado de Leslie .

El informe expone el hecho preocupante de que compiten

proveedores de leche fresca estaban alimentando vacas de Nueva York el

puré de destilería para reducir los costos.

En 1858 , la leche de Borden , vendida como la marca Eagle, había ganado

una reputación de pureza , la durabilidad , y la economía . demanda

también fue impulsado por la guerra civil americana . Los EE.UU.

gobierno ordenó enormes cantidades de leche condensada como

una ración de campo para los soldados de la Unión durante la guerra. soldados

regresar a casa luego correr la voz y la leche condensada

se convirtió en una industria importante a finales de los años 1860 .

BOLSITAS DE TÉ

La primera patente de una bolsa de té , titulado Titular de té de la hoja ,

se emitió a Roberta Lawson y María de McLaren

Milwaukee, Wisconsin, en 1903. Su invento , que

fue una pequeña bolsa de tela de malla abierta , miró

similar a las bolsitas de té modernas , pero nunca se fabricó .

Las bolsitas de té aparecieron comercialmente alrededor de 1904 , pero fue

el té y el café comerciante Thomas Sullivan de

Nueva York, que primero les comercializado con éxito.

A la vuelta del siglo 20 , el té era mucho más

caros que los de hoy y muy apreciado por aquellos que

se lo podía permitir . En Nueva York , los clientes esperan con impaciencia

cada nueva carga de la India y China. Cuando la última

envío llegado a puerto , los comerciantes de té como Sullivan haría

enviar muestras , utilizando latas pequeñas de metal para sujetar el té.

La leyenda dice que Sullivan se convirtió en molesto por la alta

costo de las latas y cambió a pequeñas bolsas de seda cosidos a mano

en junio de 1908. Se suponía que los clientes para eliminar el

té a granel de las bolsitas para elaborar cerveza , pero algunos se vieron

fácil simplemente dejar caer las bolsas llenas en agua caliente. Al darse cuenta de

lo conveniente una bolsa desechable tan simple era , que

pronto comenzó solicitando su té en este envase , tanto

para sorpresa de Sullivan ! Una cosa que se quejaron

sobre fue que la malla en los bolsos de seda era demasiado fino. En respuesta , Sullivan desarrolló bolsitas hechas de gasa ,

que fueron las primeras bolsas de té de propósito a medida.

Desafortunadamente Sullivan no pudo sacar una patente en su

invención y poco se sabe de lo que le sucedió

o su compañía después. Otros se dieron cuenta de su

potencial comercial y comenzó a experimentar con otro

tipos de materiales, incluyendo gasa , celofán , y

perforadas de papel. Las máquinas también fueron inventados para reemplazar

la costura de la mano de las bolsitas de té .

Durante la década de 1920 , las bolsas de té comenzó a ser producido en masa y

creció en popularidad en los EE.UU. . Hoy las bolsas de té son en su mayoría

hecho de fibra de papel. Fue William Hermanson , uno

de los fundadores de informes técnicos Corporation de Boston,

que inventó estas fibra de papel bolsas de té termoselladas . En el año 1930 ,

Hermanson vendió su patente a la Salada Tea Company .

La bolsa de té rectangular no se inventó hasta 1944. Antes

a esto, las bolsas de té se parecían pequeños sacos. Fue Tetley que

introducido bolsas de té en Gran Bretaña en 1953, y fue rápidamente

seguido por otras compañías. Para el año 2007 , las bolsas de té compuesto por

una fenomenal 96 por ciento del mercado británico .

CAFÉ INSTANTÁNEO

El café instantáneo , también llamado café soluble o café en polvo,

es fabricado por congelación o secado por pulverización diferentes tipos de café

frijoles. La primera versión de café instantáneo puede tener

fue inventado alrededor de 1771, en Gran Bretaña. Conocida como el

compuesto de café , se le concedió una patente por los británicos

gobierno. La primera versión americana se desarrolló

en 1853 y una versión experimental fue probado en campo en

forma de torta , durante la Guerra Civil Americana .

Un tipo de café instantáneo o soluble fue inventado y

patentado en 1889 por el Sr. David Strang de Invercargill,

Nueva Zelanda. Se vende bajo el nombre comercial

Café de Strang , citando su patentado proceso seco de aire caliente .

Satori Kato , un científico japonés que trabaja en Chicago en

1901, inventó un producto similar usando un proceso que tenía

originalmente desarrollado para hacer té instantáneo.

Un químico Inglés llamado George Constant Louis

Washington desarrolló su propio proceso de café instantáneo

en 1906. Su marca de café en polvo , llamado Red E Coffee,

se comercializó por primera vez en 1909. Dominaba el mercado en

los EE.UU. para las próximas tres décadas , aunque había

muchas personas que disgustaba a su gusto. En 1938 , Nestlé de

Suiza lanzó la marca Nescafé . Mejoró el gusto por el extracto de café secado conjunto junto con un igual

cantidad de carbohidratos solubles , y pronto se convirtió en el

más popular marca de café instantáneo.

El café instantáneo encontrado un mercado inmediato en el ejército.

En la Primera Guerra Mundial algunos soldados lo apodaron el ' taza de

George '. Considere esta cita de un soldado americano ,

escribir a casa desde las trincheras en 1918 :

Estoy muy feliz a pesar de las ratas, la lluvia , el barro , las corrientes de aire

[sic] , el rugido de los cañones y el grito de las conchas . Se necesita

sólo un minuto para encender mi pequeño calentador de aceite y hacer algo de George

Washington café ... Cada noche les ofrezco una petición especial para

la salud y el bienestar de [l señor Washington] .

Por la Segunda Guerra Mundial, el café instantáneo era increíblemente popular

con los soldados . G. Washington café , Nescafé , y otros

todo había surgido para satisfacer la demanda. De alto vacío

café liofilizado se desarrolló poco después de la Primera Guerra Mundial

II . En 1950 , la Compañía Borden había ideado métodos para

hacer extracto de café puro sin hidratos de carbono añadido ,

hacer el café instantáneo más popular. En 1963 , Maxwell

Casa comenzó a comercializar gránulos liofilizados , que sabía

más como un café recién hecho . Hoy en día , alrededor del 15 por ciento de

El consumo de café EE.UU. está en forma instantánea.

ABRELATAS

En 1822 , los alimentos enlatados estaba disponible en Gran Bretaña , Francia,

y los Estados Unidos . Los primero latas pesaron más de

la comida que contenía y se abrieron utilizando cualquier

herramientas estaban disponibles en el momento . Las instrucciones sobre los

latas leen " Cortar alrededor de la parte superior cerca del borde exterior con un

cincel y el martillo " .

Dedicado pueden aparecido abridores en la década de 1850 y tuvo

diseños de tipo palanca en forma de garra o primitiva . En 1855,

Robert Yeates de Londres inventó la primera en forma de garra

abridor. En 1858 , Ezra Warner de Waterbury, Connecticut,

EE.UU. , patentó un abridor de tipo palanca . Tenía una hoz aguda ,

que fue empujado en la lata y aserrado en torno a su

borde . El Ejército de los EE.UU. adoptó este abridor durante la

Guerra civil americana. Pero la hoz - cuchillo como en él era demasiado

peligroso para el uso doméstico y por lo empleados en los supermercados

abierto cada lata antes de los clientes se los llevaron a casa.

La primera rueda giratoria abrelatas fue patentado en

Julio 1870 , por William Lyman de Meriden, Connecticut,

y producido por la empresa de Baumgarten en la década de 1890 . la

rueda de corte se hizo girar alrededor del borde de la lata para cortarla.

Pero la lata necesitaba ser perforado en el medio primero . en

1925 , la Estrella Abrelatas Company de San Francisco , California, la mejora del diseño de Lyman añadiendo un segundo ,

rueda dentada denomina rueda de alimentación , lo que permite un agarre firme de

la llanta y hacer la perforación inicial innecesaria .

Can- sostiene simultáneamente abridores agarre la lata y

abrirlo, lo que hace innecesario mantener la lata , ya que es

de ser cortado . El primero de estos abridor fue patentado en 1931 por

el Bunker Clancey Company de Kansas City, Missouri,

y fue , por tanto , llamado Bunker . Era similar a

el diseño de la estrella , pero añadió - tipo alicates maneja por fuerza

agarre el borde . Este eficiente diseño se sigue utilizando hoy en día.

Un abridor de latas manual similar al Bunker fue patentado

en 1931 , pero fue no encontrar el éxito hasta los años 1950 .

En 1866 , un abridor con un diseño completamente diferente era

patentado por J. Osterhoudt . En lugar de la perforación de la lata , se desgarró

apagado y enrollada una tira pre - anotado justo debajo de la tapa. fue

se conoce como clave , ya que se parecía a una llave de la puerta . Hoy en día , tales

abridores se venden junto con muchos botes pequeños , de paredes finas .

Abrelatas con diseños simples y robustos han sido

desarrollado específicamente para uso militar. Por ejemplo ,

la P- 38 y P- 51 fueron utilizados por los estadounidenses durante el Mundial

War II. La P- 38 también era conocido como un John Wayne porque

el actor una vez que se demostró el uso de uno en una película de entrenamiento .

PARAGUAS DEL COCTEL

Una sombrilla de cóctel es un pequeño paraguas o sombrilla hecha

de papel, cartón, y un palillo de dientes y se usa como un

adorno o decoración de cócteles , postres , u otros alimentos

y las bebidas . El paraguas se forma fuera del papel y

puede ser modelado con costillas de cartón . Las costillas se hacen

a partir de cartón con el fin de proporcionar flexibilidad con bisagras

por lo que el paraguas se puede extraer cerrada al igual que un

paraguas común. Un anillo de retención de plástico pequeña es a menudo

formado en contra de la madre , por lo general un palillo de dientes, con el fin para evitar que el paraguas se pliegue espontáneamente .

Hay un manguito de periódico doblado bajo el cuello

para actuar como un espaciador . Este periódico es por lo general en cualquiera

Japonés, chino , o una lengua indígena , haciendo alusión a la

origen del paraguas.

De hecho , los paraguas del coctel se han convertido en un elemento clave en

el culto a la Tiki. El culto de Tiki implica una apreciación

de la barra del tiki , también conocido como un bar polinesio . Este bar

se especializa en la decoración de la isla , cocina exótica y tropical

bebidas rematado con sombrillas de cóctel y otro de fantasía

parafernalia . La articulación del tiki ha jugado un decisivo si

papel no apreciado en la cultura occidental desde hace más de 60

año . Pero antes de su uso en bares tiki , se cree que

paraguas del cóctel estaban disponibles en los restaurantes chinos que indican que la sombrilla, o al menos la idea de ponerlo

en una copa, fue un invento chino-estadounidense . Es posible

que fueron diseñados originalmente para proteger a los cubos de hielo

dentro de las bebidas del sol. Sin embargo , los esfuerzos para confirmar

estas teorías con las empresas chinas y chino-americanas

la venta de los paraguas hoy no tuvieron éxito.

Se cree que el paraguas de cóctel de haber llegado a la

escena del bar tiki ya en 1932 , cortesía de Victor J. Bergeron,

el irascible fundador de una sola pierna de Trader Vic está en San

Francisco . Comerciante Vic es una gran sede en San Francisco

cadena de restaurantes de estilo polinesio . Bebidas que se sirven de Vic

con sombrillas de cóctel hasta principios de 1940, cuando

importación de las pequeñas sombrillas de las fábricas en el Lejano

Este fue interrumpido por el estallido de la Segunda Guerra Mundial. Sin embargo ,

según admite el propio Bergeron, que había recogido originalmente

la idea del don de la cadena de restaurantes de Beachcomber

(ahora cerrada), que fue pionero de comedor de estilo polinesio

en los Estados Unidos . Sobre la introducción, sombrillas estaban

considerada como muy exótico, al igual que la mayoría de las cosas de la

Cuenca del Pacífico. Por cierto, Bergeron también inventó varios

bebidas con sabor a ron - que se hicieron mundialmente famosa . ellos

tenido nombres como La venganza de Misionario, Sufferin Bastard ,

y Mai Tai , es decir, lo mejor en tahitiano.

CHICLE

La gente ha disfrutado de la goma de mascar durante al menos 5.000 años .

Goma antigua , hecha de brea de corteza de abedul, se ha encontrado en

Finlandia, con improntas dentales fijas en él. Los antiguos griegos

y Romanos mascaban una resina de lentisco llamada

mastiche . Tanto la corteza de abedul y masilla tenían la reputación de tener

beneficios medicinales.

Los mayas de Centroamérica masticaban

Chicle , derivado de la dulce savia del árbol de Zapote ,

por el siglo segundo dC . Sus descendientes mexicanos

seguido mascar chicle . En América del Norte , a principios

Los colonos europeos comenzaron a masticar la resina de los árboles de abeto

mezclado con cera de abejas. La base de abeto fue gradualmente

reemplazada por cera de parafina .

Inventor estadounidense Thomas Adams inventó moderna

la goma de mascar en 1869. Adams había comprado una tonelada de

Chicle de líder mexicano Antonio López de Santa Anna ,

quien entonces vivía en el exilio en la isla de Staten , Nueva York.

Santa Anna había importado Chicle de su México natal,

para que pudiera hacer los neumáticos , pero era muy infructuosos.

Adams luego pasó más de un año tratando de hacer Chicle en

un sustituto del caucho, pero no todo el tiempo. Sin embargo , uno

día en que re - descubrió un interesante hecho - Chicle es divertido para masticar . En febrero de 1871, Adams Nueva York de las encías , lo que

era más suave , más suave y de mejor sabor que cualquier paraffinbased

goma , estaba disponible en las farmacias. Dentro de unos pocos

años , Adams y otros fabricantes vendían

diversos sabores de goma de mascar a base de chicle en grandes cantidades.

Sin embargo, ninguna de las encías temprana podría tener sabor muy larga . este

problema no se fijó hasta 1880 cuando William White

azúcar y jarabe de maíz combinado con chicle . americano

empresarios William Wrigley , Jr. y Frank H. Fleer

nuevos avances realizados sobre el problema gusto. Wrigley

Chicle Wrigley Company , fundada en Chicago

en 1891 y se utiliza la estrategia de marketing inteligente para convertirse en el

la marca más famosa de las encías en el mundo. En uno de tales inteligente mueve, envía por correo 3 chicles libre a todo el mundo que figuran en

la American Telephone directory- más de 7 millones de personas!

Muchas de sus primeras marcas como Juicy Fruit , menta verde y

Doublemint siguen siendo muy populares hoy en día .

En 1906 , fue la compañía con sede en Filadelfia de la mueca que

Chiclets lanzados , la primera goma de mascar recubierta de caramelo . sugarfree

goma , recomendada por los dentistas , se introdujo

durante la década de 1950 . En la década de 1960 , látex hecho por el hombre más barato

materiales sustituidos en gran medida Chicle . Sin embargo , Chicle

sigue siendo la palabra común para los chicles , en

Español .

GUMBALLS

Según la leyenda, el chicle fue inventado alrededor

el comienzo del siglo 20 por un anónimo alemán

Tendero en Nueva York. Un día , molesto de que sus bloques de

la goma no se vendían , se arrugó un pedazo y lo arrojó

a través de la tienda. El chicle y luego cayó en un barril

de azúcar y adquirió un aspecto nuevo reluciente .

El tendero entonces mostró su descubrimiento a un amigo, a partir de

quien tomó prestada una máquina de venta de maní , el cambio de

su mecanismo para dispensar las bolas de goma de mascar . Si esto historia es verdadera no se conoce, pero había supuestamente

máquinas para su palo o goma en forma de bloque de vending como temprana

en 1888 . En 1897, el Pulver Manufacturing Company

agregados figuras animadas a sus máquinas de goma como un añadido

atracción. Sin embargo , las primeras máquinas que llevan real

chicles no se observaron hasta 1907 , probablemente lanzado

primero por la Goma Co. Thomas Adams en los EE.UU. .

Empresario estadounidense Frank Henry Fleer fue uno de los

pioneros de la goma de mascar . Entre sus primeros proyectos

fue la creación de la goma del caramelo- revestido y su invento,

Chiclets , sigue siendo muy popular hoy en día. Fleer buscaba

un tipo más elástica de goma ya pesar de su primera horriblemente

intentos pegajosos y sucios , que finalmente terminó con

lo que conocemos como la goma de mascar . Por extraño que parezca , era su contador, Walter Diemer ,
que se acredita con la búsqueda de la

combinación correcta de ingredientes para hacer la goma elástica

suficiente para volar en una burbuja sin necesidad de trementina

para quitarlo de la piel como lo hicieron los primeros prototipos de Fleer !

Diemer también estableció el color tradicional de goma de color rosa

mediante el uso de la única tonalidad disponible en el estante cuando era

haciendo su brebaje . Su 1928 la creación, Dubble Bubble ,

se convirtió en la primera goma de mascar comercialmente exitoso. lo

fue vendido originalmente como chicles con el nombre estampado

en la capa de caramelo y más tarde como pequeños ladrillos con comic

envolturas . Sigue siendo popular hoy en día .

Patentado en 1923, el Norris Manufacturing Company

producido su línea principal de máquinas de chicles de cromo

durante la década de 1930 . Estas máquinas pueden aceptar ni

centavos o monedas de cinco centavos .

Otro fabricante de principios de la goma de chicle

máquinas en los EE.UU. fue fundada en el año 1934 - la goma de Ford

y Machine Company de Akron , Nueva York . El Ford

marca de máquinas de chicles también tenía un cromo brillante

de color . Hoy en día , chicles y las máquinas que se colocan

en son ubicuos y omnipresentes de peluquería de caballeros

tiendas y tintorerías a las tiendas de comestibles e incluso algunos

suites ejecutivas.

TALLARINES INMEDIATOS

Taiwanés- japonés empresario Momofuku Andō

inventado los fideos instantáneos . En 1958 , fundó Nissin

Alimentos , con sede en Osaka , Japón. Durante años después del final de

La Segunda Guerra Mundial , hubo una constante escasez de alimentos en

Japón , y Ando , entonces presidente de un banco , llegaron a la conclusión de que

el hambre era el problema mundial más apremiante de su tiempo. en

1957 , su banco no y Ando comenzó a desarrollar una massproduced

sopa deshidratada fideos (ramen) para resolverlo.

En su primer año , Ando tuvo ningún éxito en absoluto. La mayoría de las veces

la textura de los fideos después de la cocción no estaba bien.

Un día , sin embargo , ando arrojó algunos de los fideos en

aceite de tempura que su esposa había calentado a preparar la cena . él

luego descubrió que el flash freír los fideos deshidratados

y les dio una vida útil más larga. No sólo eso , sino que también

creado pequeños agujeros que los hacían cocinan más rápido .

Los fideos instantáneos han nacido y , a la edad de cuarenta y ocho,

Andō se embarcó en su carrera como Mr. Noodle .

Los fideos instantáneos se comercializaron por primera vez en Japón el 25 de agosto ,

1958 bajo el nombre de marca Chikin Ramen , que significa Chicken

Ramen . Los consumidores rápidamente abrazaron la conveniencia de

hacer ramen instantáneo en casa. Se convirtió en un alimento básico en

Japón y otras marcas , como Maggi de Nestlé , entraron en el mercado . Andō a su vez miraba para los clientes internacionales .

Andō tenía su próxima gran idea en un viaje de negocios a la

EE.UU. en 1966. Observó ejecutivos de supermercados en Los

Ángeles usando sus tazas de café de espuma de poliestireno como ramen tazones.

Intrigado , ando replicado estos contenedores improvisados para

un nuevo producto . En 1971, introdujo Nissin Cup Noodles -

fideos instantáneos en un poliestireno resistente al calor, a prueba de agua

taza que sólo necesita agua hirviendo para cocinar. Copa Noodles

fue un gran éxito , especialmente en el extranjero , donde los cuencos o

palillos generalmente no estaban disponibles.

Los fideos instantáneos incluso han estado en el espacio! Andō desarrollado

Espacio Ram, un envasado al vacío ramen instantáneo hechas

especialmente para el astronauta japonés Soichi Noguchi de 2005

viaje en el transbordador espacial Discovery.

Según una encuesta japonesa realizada en el año

2000 , " los japoneses creen que su mejor invento de la

el siglo XX fue fideos instantáneos . ' A partir de 2010 ,

aproximadamente 95 mil millones porciones de fideos instantáneos son

comido en todo el mundo cada año. Eso es un promedio de 14

cuencos por persona! Como Momofuku Ando , quien más tarde se convirtió en

un héroe nacional japonés , dijo: " La humanidad es Noodlekind . '

NON -STICK DE COCINA

El descubrimiento de la tecnología que no se pegue comenzó con la investigación

en el refrigerador . Dr. Roy Plunkett, un químico americano

en la planta de Kinetic Chemicals, una subsidiaria de DuPont, fue

la búsqueda de un producto químico menos tóxico para usar como refrigerante .

En 1938 , Plunkett inventó una mezcla que estaba destinado a

producir gas tetrafluoroetileno y lo dejó durante la noche a una

baja temperatura y bajo presión . A la mañana siguiente ,

llegó a trabajar para encontrar una sustancia cerosa blanca en lugar

del gas que había esperado. La nueva sustancia era un

polímero de politetrafluoroetileno (PTFE) . Fue rápidamente

reconocida como una excepcionalmente resbaladiza y químicamente

sustancia inerte . DuPont registró el proceso y

químicos como el teflón en 1945.

En 1951 , Dupont había desarrollado aplicaciones comerciales

de teflón en el mercado de panificación y galletas. pero

evitaron el mercado de utensilios de cocina de los consumidores debido a

problemas potenciales asociados con la liberación de tóxicos gases. No fue hasta que un ingeniero francés llamado Marc

Grégoire encontró una manera de relacionarse PTFE con aluminio

que se creó la primera batería de cocina antiadherente . Grégoire

había comenzado su recubrimiento de artes de pesca con teflón para evitar

enredos . Su esposa Colette sugirió el uso de la misma

método para revestir sus cacerolas . La idea de Colette tuvo un éxito inmediato y una francesa

patente fue concedida para el proceso en 1954. En 1955, el

Grégoire comenzaron la fabricación y venta de utensilios de cocina antiadherente

fuera de su cocina. Esto resultó ser tan popular que en 1956

fundaron el Tefal Corporation, creada tomando Tef

de teflón y Al de aluminio . Unos años más tarde ,

un americano llamado Thomas Hardie reunió Grégoire mientras

en un viaje de negocios. Quedó impresionado con los utensilios de cocina

y convenció a DuPont para importarlos en los EE.UU. . pero

DuPont insistió en cambiar el nombre de Tefal a T -Fal como

el nombre era demasiado cerca de su marca de teflón.

Después de numerosos intentos de los minoristas de interés, Hardie

almacenes , finalmente convencido de Macy en Nueva

Ciudad de York para colocar una orden pequeña de sartenes T- Fal . ellos

salió a la venta por $ 6.94 el 15 de diciembre de 1960, y que

el asombro de todos , rápidamente agotado, incluso durante

una fuerte tormenta de nieve . De hecho , utensilios de cocina antiadherente era tan

éxito que las fábricas no podían aumentar la producción

lo suficientemente rápido como para satisfacer la demanda . En 1961 , las ventas de T- Fal tenían

llegado a un millón de unidades al mes en los EE.UU. solamente. otro fabricantes de pronto se unieron al mercado como Wearever , All -

Clad , Faberware , Viking , y Circulon . Mientras que otros antiadherente

materiales de recubrimiento también se inventaron , es teflón que

ha dominado el mercado .

PALILLOS

Palillos o Kuaizi son los utensilios de comida tradicionales de

China, Japón , Corea y Vietnam. Tradicionalmente Kuaizi

se celebrará en la mano dominante , con el pulgar y

los dedos , y se utiliza para recoger los trozos de comida . El Inglés

palabra palillo se pudo haber derivado del chino

Pidgin Inglés palabra chop -chop que significa rápido.

De acuerdo con la historia de China , se utilizaron por primera palillos

durante la dinastía Shang y Zhou, el último rey de la

Dinastía Shang , utiliza palillos de marfil . Sin embargo, los expertos

creen que los palillos de bambú y madera estaban en uso

más de 1.000 años antes de palillos de marfil . El más temprano

evidencia física de un par de palillos se hicieron

de bronce y excavada de las ruinas de Yin , el último

capital de la dinastía Shang , de alrededor de 1200 aC . la

primera referencia textual conocida para el uso de los palillos

es a partir del siglo tercero .

Las primeras versiones de los palillos pueden haber sido utilizados

para cocinar , revolviendo el fuego, y que sirve o apoderarse de bits de

comida, pero no como los utensilios para comer . Con una población creciente

y los recursos de combustibles escasos , los antiguos chinos comenzaron

para cortar la comida en trozos pequeños por lo que iba a cocinar más rápido y

utilizar el combustible mínimo. Estos trozos tamaño bocado de comida hizo innecesaria cuchillos en la mesa y eran perfectos para comer con

palillos. Palillos comenzaron a ser utilizados como utensilios para comer

durante la dinastía Han , ya que eran más de laca

ambiente que otros utensilios para comer afilados.

Hacia el año 500 dC, los palillos se habían extendido desde China a otros

países como Corea , Vietnam y Japón . temprano japonés

palillos fueron utilizados estrictamente para ceremonias religiosas

y se han hecho de una pieza de bambú se unió en el

parte superior. Estos parecían algo así como unas pinzas. Por el décimo

siglo, sin embargo , ellos se estaban haciendo como dos separados

piezas. Oro y plata palillos se hizo popular en la

Dinastía Tang (618-907 dC). Pero fue sólo durante la

Dinastía Ming (1368 - 1644 dC) que se convirtieron en los palillos

popular para el servicio y la comida, fueron nombrados Kuaizi ,

y adquirió su forma actual .

¿Sabía usted ?

En Antigua y Medieval China, los palillos de plata eran

a veces se usa porque se creía que lo harían

vuelve negro cuando entraron en contacto con el alimento envenenado .

Esta práctica debe haber llevado a algún desafortunado

malentendidos . Ahora se sabe que la plata no tiene

reacción al arsénico o cianuro , pero puede cambiar de color si

entra en contacto con el ajo, las cebollas, o huevos podridos -todos de

que liberan gas de sulfuro de hidrógeno.

Cling Wrap

Cling -wrap o alimentos envoltura es una película de plástico delgado que se usa para sellar

los alimentos en contenedores de manera que permanezcan frescos durante

un período más largo de tiempo. Estos abrigos se aferran a muchas

superficies lisas y puede permanecer apretado mientras cubría

la apertura de un recipiente sin adhesivo u otro

dispositivos . Cling -wrap se conoce popularmente como Gladwrap

en Australia y Nueva Zelanda, y Saran -wrap en

América del Norte . Fue hecho originalmente de polivinilideno

cloruro o PVDC . Estas películas actúan como una barrera contra

oxígeno, la humedad , los productos químicos , y el calor y por lo tanto son perfectos

para la protección de los alimentos, así como de los consumidores y la industria

productos .

En 1933 , Ralph Wiley, un estudiante universitario que estaba trabajando

como asistente de laboratorio en la empresa Dow Chemicals , accidentalmente

PVDC descubierto cuando se encontró con un vial que no podía

fregar limpio. Él llamó a la sustancia en el eonite vial ,

después de un material indestructible en la historieta Poco

Orphan Annie. Investigadores de Dow convierten eonite de Ralph

en una película grasosa verde , oscuro y lo llamó Saran lugar .

Dow tarde se deshizo del color verde de Saran y desagradable

olor . En los primeros años después del descubrimiento de Saran , es

fue utilizado por los militares para rociar sus aviones de combate por lo que

que podrían estar protegidos contra la espuma del mar salado y por los fabricantes de automóviles para la tapicería . En 1956 , los EE.UU. Food & Drug

(FDA) aprobó PVDC para la alimentación específica

contacto, así como el envasado de alimentos . Además , el PVDC tiene

También se ha aprobado para su uso como una superficie de contacto con el alimento en el

forma de un polímero de base, en el paquete de juntas de alimentos , en directo

póngase en contacto con alimentos secos , y los revestimientos de cartón en

en contacto con alimentos grasos y acuosos .

SC Johnson ahora comercializa la marca Saran Wrap - de plástico

película. En julio de 2004 , el nombre original fue cambiado Saran

a Saran Premium y la formulación se cambió a

polietileno de baja densidad (LDPE) , que es un más seguro y

más respetuoso del medio ambiente plástico. Glad- Wrap, de

Union Carbide Corporation, y Handi -Wrap , son otra

LDPE basa marcas cling -wrap .

¿Sabía usted ?

El clingwrap canción de cantautor australiano Sam

Sparro contiene letras como:

Usted debe haber pensado que yo era su merienda ,

Porque ahora se apegará a mí como film transparente .

Oh, porque me amas .

¿Cuándo llegaste tan loco ?

Usted es pegajosa , usted es pegajosa , usted es pegajoso,

Y usted es como film transparente .

CONSERVAS

La historia de los alimentos enlatados se inicia en 1795 cuando los franceses

Gobierno ofreció 12.000 francos , un premio grande , a cualquiera

que pudiera inventar un método de conservación de alimentos. Napoleón

había observado célebremente que un ejército ' se desplaza sobre su estómago, '

porque sus tropas fueron destruidos mucho más por el hambre

y el escorbuto que por el combate.

Parisino Nicholas Appert , después de experimentar durante 15 años,

sabido conservar los alimentos por parte de cocinarlo , sellando

en botellas herméticas con tapones de corcho y de inmersión

estos en agua hirviendo . Las muestras de alimentos de Appert fueron

tomada por las tropas de Napoleón , que viajaron por mar desde hace más de

cuatro meses y se mantuvo fresco. Fue recompensado en

1810 por el Emperador, por su invento . También escribió una

libro titulado El libro de todas las casas o El arte de conservar

Animales y vegetales durante muchos años.

Comerciante británico Peter Durand patentó la lata hermética

puede método de conservación de alimentos y otros productos perecederos en

1810. El resto de su proceso de conservación fue similar a

Appert de . Las latas eran de hierro , recubierto con estaño

para evitar la oxidación y fueron mucho más fáciles de manejar que los

Botellas de vidrio de Appert . En 1812 , Durand vendió su patente a

dos ingleses , Bryan Donkin y John Hall , de £ 1.000 . Crearon una fábrica de conservas comercial en Bermondsey ,

Inglaterra, y por 1813, fueron productoras de alimentos enlatados para

el ejército y la armada británica. Conservas vegetales nutritivos

pronto eliminado escorbuto.

Sir William Edward Parry hizo dos expediciones árticas a

el Paso del Noroeste , en la década de 1820 y tomó la comida enlatada

en sus dos viajes. Una lata de dos kilos de ternera asada ,

realiza en ambos viajes , pero nunca se abrió, se conserva en

un museo hasta que se abrió en 1938. Los contenidos , a continuación,

más de cien años de edad, se encontró que eran perfectamente

comestible ! Pero latas primeros fueron selladas con soldadura de plomo , lo que

a veces causado el envenenamiento por plomo . Famoso, miembros de

1845 expedición ártica de Sir John Franklin sufrió graves

la intoxicación por plomo , después de tres años de comer carne enlatada para perros .

El moderno abrelatas fue inventado en 1865 , por lo que

productos enlatados aún más conveniente. La sanitaria

o la parte superior abierta puede fue presentado por el Can Sanitaria

Company de Nueva York en 1904. Pronto comenzó a dominar

el mercado porque era fácil de fabricar y

requiere ninguna soldadura , eliminando así la posibilidad

de envenenamiento por plomo. Hoy en día, hay más de 600 tamaños

y estilos de latas se fabrican y alimentos enlatados

es más popular que nunca.

bebidas enlatadas

Las latas fueron utilizados para envasar la cerveza y los refrescos ya

en 1930 . Eran más resistente que las botellas de vidrio y más fácil

de almacenar y transportar . Bebidas Early enlatados fueron factorysealed

y se requiere un abridor de especial. Estos cilíndrica

perforador superior latas estaban hechas de hierro o estaño y tenía una parte superior plana

e inferior. A mediados de la década de 1930 , las latas con tapas en forma de cono

y las tapas que se podía abrir y se vierten como botellas

se han desarrollado . Estas tapas de cono y crowntainers eran

producido hasta finales de 1950 .

El primer refresco en lata , Cliquot Club de Ginger Ale ,

fue lanzado en 1938. Se utilizó un bote superior del cono producido

por la Continental Can Company , que a menudo se filtró o

impartido un sabor metálico a la bebida . Estos problemas

bebidas hechas enlatados lentos a hacerse popular . Por la Segunda Guerra Mundial,

latas consistían en sólo un diez por ciento del mercado de bebidas .

Pasaron varios años para que los problemas técnicos que pueden resolver . un

la mejora del diseño del Continental puede finalmente permitido

Pepsi -Cola para lanzar el primer refresco importante enlatado en

1948. Su popularidad se retrasó por la escasez de metal durante

la Guerra de Corea en la década de 1950, pero en 1960 , Pepsi y

Royal Crown estaban vendiendo un gran número de suave enlatada

bebidas. Inspirado por la competencia, comenzó Coca -Cola

latas de marketing a gran escala poco después. Americana Ermal Fraze ideó el primer partido de la lengüeta de tracción en

1959. Esto eliminó la necesidad de un abrelatas separada.

Al parecer , mientras que en un picnic , Fraze se olvidó de traer un

abrelatas y se vio obligado a utilizar un auto de choque para extraer la

Abrir las latas . Una noche, él recordaba el incidente y

comenzó a trabajar en una lata de apertura automática . Otros habían intentado

vienen con dispositivos similares, pero que no funcionaron o

rompió fácilmente. Fraze resolvió estos problemas y su invención

bebidas enlatadas hechas aún más popular. Para 1965 , casi

75 por ciento de las fábricas de cerveza de los Estados Unidos estaban usando . Sin embargo ,

la gente tiende a tirar la pestaña después de abrir su

puede , creando un problema importante tirar basura .

Pronto las latas de acero y estaño fueron siendo reemplazados por el aluminio

queridos , que tenían muchas ventajas - que eran la luz ,

barato, resistente a la corrosión , durable y reciclable. la

La primera bebida de aluminio puede fue fabricado por

Reynolds Metals Company en 1963 y utilizado para un refresco de cola de dieta

llamado Slenderella . Royal Crown adoptó el aluminio

puede, en 1964 y en 1967 , Pepsi y Coca-Cola seguido .

En 1977, Fraze patentó el primer no- extraíble, pushin

y doble -back pop abridor pestaña . Esto resolvió la camada

problemas asociados con la lengüeta de tiro . Para 1985 , la poptab

lata de aluminio dominó la bebida envasada

mercado.

El papel de aluminio

El papel de aluminio se define como hojas de aluminio que

están a menos de 0,2 mm de espesor . Papel de aluminio del hogar es aún más delgado ,

normalmente 0.016 mm o 0.024 mm . Aproximadamente el 75 por ciento

de papel de aluminio se utiliza para el envasado de alimentos, cosméticos

y los productos químicos. El resto se utiliza en la industria

aplicaciones . El papel de aluminio término fue popularizado

por Reynolds Metals , el fabricante líder en Norte

América .

Aluminio metálico se hizo disponible en grandes cantidades

en 1888. Alfred Gautschi de Gontenschwil , Suiza

fue el primero en producir papel de aluminio en el año 1903 , utilizando

el proceso de laminación en paquete bien conocido . Gautschi apiladas una

número de hojas delgadas de aluminio en un paquete y laminados

que entre los cilindros de hierro pesados. Repitió el proceso

con huecos progresivamente más pequeños entre los cilindros

hasta que se obtuvo el espesor de lámina deseada . otro

temprana fabricante fue el Dr. Lauber , Neher & Cie , con base

en Kreuzlingen , Suiza. En 1907 , descubrieron

un proceso de laminación continua alternativo y el uso de

papel de aluminio como barrera protectora .

Papel de aluminio había estado disponible comercialmente desde finales

Del siglo 19. Pero no fue muy maleable y dio un sabor metálico ligero a los alimentos envueltos en ella. Por lo tanto , el nuevo

el material reemplazado rápidamente. En 1911 , con sede en Suiza

firma de confitería Tobler comenzó envolviendo su chocolate

bares en papel de aluminio , incluyendo su forma triangular

barra de chocolate, Toblerone . El uso de papel de aluminio para

envoltura de chocolate fue un éxito casi instantáneo , ya que

protegido de la humedad y mantiene intacto el aroma . por

1912 , el papel de aluminio también estaba siendo utilizado por Maggi, ahora

Nestlé Maggi, empacar sopas y cubitos de caldo .

Comenzó la producción comercial de papel de aluminio en los EE.UU.

en 1913. El mercado original era muy pequeña , por lo que la pierna

bandas para la identificación de las palomas mensajeras . Pero pronto hubo

muchas otras aplicaciones, como envolturas de chocolate, té,

Mentas Vida Savers , barras de caramelo y chicle . En 1921 ,

el primer laminado de cartón plegado con papel de aluminio

fue producido . La industria láctea fue uno de los primeros

ya que el papel de aluminio no se volvió negro en contacto con

queso y era un 20 por ciento más barato que el papel de aluminio.

Papel de los hogares se comercializó por primera vez a finales de 1920 .

El papel de aluminio se convirtió en un material de envasado principal

durante la Segunda Guerra Mundial. Después de la guerra , comenzaron sus aplicaciones

multiplicar , como recipientes de alimentos de papel de aluminio preformados que eran

puesto en marcha por primera vez en 1948. Hoy en día, el papel de aluminio en brillante

colores , impresos, estampados o laminado - está en todas partes .

PERSIANAS VENECIANAS

Persianas y persianas de lamas son algunos de los más

comúnmente utilizado persianas de la ventana . Pueden ser hechos de

de plástico , de metal , de bambú , o incluso de madera , con los listones

colocados uno en la parte superior de la otra . Como cordones o cintas suspenden

las persianas , todas las lamas horizontales se pueden girar en la

mismo tiempo de tal manera que un listón se solapa con la

otra . Esto ayuda a controlar la cantidad de luz que fluye

en la habitación. Cables de Ascensor que pasan a través de cada

listón de ayuda horizontal para subir y bajar las persianas. El listón

anchuras pueden variar , con 25 mm es el más comúnmente

ancho utilizado .

La persiana se remonta a mediados de los 180

siglo , pero gran parte de su historia temprana se basa en conjeturas .

Aunque los registros de patentes de crédito Gowin Knight y Edward

Beran de Inglaterra con la invención de las persianas venecianas , que se cree que los franceses estaban usando estas persianas antes

ellos. Sin embargo, el francés se refirió a estas persianas que les

Persiennes , lo que sugiere un origen asiático . Algunas cuentas

sugieren que los venecianos , que eran comerciantes , aprendieron

sobre estas persianas de los persas , y que era la

Esclavos venecianos que ellos introdujeron en Francia.

En 1761 , la iglesia de San Pedro en Filadelfia se convirtió en el primer edificio en los Estados Unidos a ser equipado con veneciana

persianas. John Webster se le atribuye ser la primera persona

en los Estados Unidos de utilizar y vender persianas venecianas en

1767 . Persianas luego aparecieron en la pintura de 1787

por JL Gerome Ferris, titulado La visita de Paul Jones

la Convención Constitucional. Otras imágenes muestran

Las persianas venecianas en Independence Hall en Filadelfia

en el momento de la firma de la Declaración de los EE.UU.

Independencia.

Entre los siglos 19 y 20 , la mayoría de oficinas

edificios en los Estados Unidos comenzaron a utilizar veneciana

persianas para regular el flujo de la luz en sus espacios de trabajo .

Durante la década de 1930 , el Radio City Music Hall Building

y el edificio Empire State en Nueva York se convirtió en

el primer gran despacho moderno complejos utilizar veneciana

persianas de sus ventanas. La persiana veneciana Burlington

Co., de Burlington , Vermont, se acredita con el suministro de

el mayor pedido de persianas venecianas , que eran

utilizado para cubrir las 6.500 ventanas , repartidas en 102 plantas, de todo el edificio Empire State.

HORMIGÓN ARMADO

La palabra concreta viene de la palabra latina concretus

lo que significa compacto o condensado . hormigón armado

contiene estructuras de refuerzo con alta resistencia a la tracción ,

tales como barras de acero que contrarrestan la fuerza de tracción baja

y la elasticidad de hormigón normal . Estas estructuras son

embebido en el concreto nuevo antes de que endurezca .

Hormigón se ha utilizado para la construcción desde Roma

veces. Pero hormigón temprano no fue reforzada y tenía muy

baja resistencia a la tracción. No se sabe con certeza quién

el inventor de refuerzo no era más que la construcción de

pequeños botes de remos por Jean -Louis Lambot en la década de 1850

puede ser el primer ejemplo de éxito . Lambot , agricultor,

reforzado sus barcos con barras de hierro y malla metálica. también

propuesto utilizar el material para la construcción de edificios.

En 1854 , un yesero , William Wilkinson de Newcastle- upon-

Tyne , Inglaterra, construyó una pequeña casa de campo del siervo de dos plantas ,

reforzar el piso de concreto y techo con barras de hierro

y cable de acero , y patentado este tipo de construcción en

Inglaterra. Wilkinson construido varios de tales estructuras , que son a menudo se considera los primeros edificios de hormigón armado.

Joseph Monier era jardinero parisino que hizo macetas de jardín y tinas de concreto reforzado con una malla de hierro.

Expuso su invento en la Exposición de París de 1867.

También promovió el hormigón armado para su uso en ferrocarril

durmientes , tuberías , suelos , arcos y puentes , pero nunca

entendido el principio de funcionamiento de refuerzo .

El constructor francés Francois Coignet fue el primero en

utilización de hormigón armado en los edificios a gran escala . él

comenzó a experimentar con el hormigón reforzado con hierro en

1852. Un año más tarde, se construyó una casa de cuatro pisos totalmente

de hormigón armado en St. Denis , un suburbio al norte de

París . Este emblemático edificio sigue en pie .

En 1879 , GA Wayss compró los derechos de Monier

sistema y pionera en la construcción de concreto reforzado en

Alemania y Austria. Ernest Ransome de San Francisco,

California, patentó un sistema en el año 1884 que utiliza trenzado

barras cuadradas para mejorar la unión entre el hormigón

y el refuerzo y la utilizó durante varios edificios grandes .

Francois Hennebique de París también había empezado a construir

reforzado casas de concreto a finales de 1870. En 1892,

patentado el sistema Hennebique de la construcción y comenzó

para establecer franquicias en las principales ciudades . Su sistema modular

columnas y vigas combinados en un único monolítico

elemento y era en gran parte responsable para el rápido crecimiento

de construcción de concreto reforzado en Europa.

TARJETAS

Hallmark Cards y American Greetings es el mayor

los productores de tarjetas de felicitación en el mundo. Se estima

que una persona en el Reino Unido solamente envía 55 tarjetas por año en

en promedio , por lo que las tarjetas de felicitación de mil millones de libras al año

negocio . La costumbre de enviar tarjetas de felicitación fechas

remonta a los antiguos chinos que intercambia mensajes

de buena voluntad para celebrar el Año Nuevo y la pronta

Egipcios, que transmitió sus saludos en el papiro

pergaminos .

Tarjetas de felicitación de papel hecho a mano se están intercambiando en

Europa a principios del siglo 15. Los alemanes son conocidos

haber impreso felicitaciones de Año Nuevo de los grabados en madera como

Ya en 1400, y San Valentín de papel hechas a mano estaban siendo

intercambiado en varias partes de Europa a principios y mediados de

Siglo 15.

Por la década de 1850 , la tarjeta de saludo había sido transformada de

relativamente caro , hecho a mano y entregadas en mano

regalo a un medio popular y asequible de personal

la comunicación . Esto puso en marcha las nuevas tendencias como especialmente diseño de tarjetas de Navidad por Sir Henry Cole en Londres en

1843, la primera publicación de tarjetas de San Valentín en los Estados

Unidos por Esther Howland en 1849 , y compañías como Marcus Ward & Co., Goodall y Charles Bennett massproducing

tarjetas de felicitación en la década de 1860 . Sin embargo , Louis

Prang se acredita generalmente con el inicio del saludo

industria de las tarjetas en los Estados Unidos en 1856. A principios de la década de 1870,

Prang comenzó a publicar ediciones de lujo de la Navidad

tarjetas, que encuentran un mercado seguro en Inglaterra . En 1875,

introdujo la primera línea completa de tarjetas de Navidad

para el público estadounidense .

Varios de los principales editores de tarjetas de felicitación de la actualidad,

que se centró más en el sentimiento expresado que

en las ilustraciones , se fundaron en torno a 1906. Ellos

importantes innovaciones introducidas en los procesos de impresión ,

técnicas de arte , y los tratamientos decorativos de felicitación

tarjetas. La litografía de color (1930) era una de tales innovaciones .

Durante la Segunda Guerra Mundial, la tarjeta de felicitación de América

industria unieron sus recursos para ayudar al gobierno

vender bonos de guerra y proporcionar cartas para los soldados estacionados

el extranjero. Este período también marcó el inicio de su

estrecha relación con el Servicio Postal de los EE.UU. .

Tarjetas de felicitación de buen humor, conocidas como tarjetas de estudio, se hicieron

popular a finales de los años 1940 y 1950. Con el advenimiento de

las tarjetas electrónicas de Internet , tarjetas electrónicas se han convertido en

muy popular.

libros de bolsillo

Un libro de bolsillo , también conocido como tapa blanda o tapa blanda , es

caracterizada por un papel o cartón cubierta gruesa

unidas con pegamento en vez de puntos de sutura o grapas.

Libros baratos encuadernados en papel han existido desde por lo

menos el siglo 19 como folletos , yellowbacks , centavo

novelas y novelas de aeropuerto. La mayoría de los libros de bolsillo modernos son

clasificado en ' mercado de masas "o libros de bolsillo " comercio " .

Alemán Editor Albatross Books fue pionera en el vigésimo

Formato de bolsillo del mercado de masas del siglo en 1931, pero

II Guerra Mundial cortó el experimento corto. En 1935 , British

editor Allen Lane lanzó los Penguin Books

impronta con diez títulos de la reimpresión . La huella adoptó muchas

de innovaciones Albatros ' , incluyendo un logo visible

y portadas de diferentes géneros código de color - , y era un

éxito financiero inmediato . Penguin Books , esencialmente

comenzó la revolución de bolsillo en el idioma Inglés

mercado del libro . Número uno en la lista por primera vez del pingüino de

libros en 1935 fue de André Maurois 'Ariel .

Carril quería producir libros baratos . compró

derechos de bolsillo de las editoriales , ordenaron letra grande

carreras, unos 20.000 ejemplares , y buscado no tradicional

puntos de venta para mantener los precios unitarios bajos . Librero se mostraron reacios a comprar sus libros, pero cuando Woolworths

puesto una orden grande, los libros se venden muy bien . después

que el éxito inicial, los libreros ya no eran reacios

de libros de bolsillo de las acciones.

En 1939, Robert de Graaf de los Estados Unidos se asoció

con Simon & Schuster para crear la etiqueta Pocket Books . la

libro de bolsillo término pronto se convirtió en sinónimo de bolsillo

en Inglés de habla Norteamérica. De Graaf , como Lane,

los derechos adquiridos en rústica de otros editores y

producido muchas carreras. Con el fin de llegar a un aún más amplio

mercado de Lane, que utilizó las redes de distribución de

periódicos y revistas , que tenían una larga historia

de ser dirigido a audiencias masivas . Este fue el comienzo

de libros de bolsillo del mercado de masas . Libros en rústica comerciales, que son

distribuido por el libro de los mayoristas y distribuidores , eran

lanzado en la misma época .

De James Hilton Lost Horizon es a menudo citado como el primer

Libro de bolsillo de América debido a su número uno

posición en lo que se convirtió en una larga lista de ediciones de bolsillo .

Pero el primer mercado de masas , de tamaño de bolsillo , libro de bolsillo

impreso en los EE.UU. fue una edición de Pearl Buck The Good

Tierra producida por Pocket Books como una prueba de concepto en

finales de 1938 y se vende en la ciudad de Nueva York. En 1960 , las ventas de

libros de bolsillo superó primero los de tapa dura .

LINTERNAS

El francés George Leclanché inventó la batería de celda húmeda

en 1866. Contenía ácido que podría derramarse si se volcó .

En 1888 , un científico alemán , el Dr. Carl Gassner , encerrado

la celda húmeda en un recipiente sellado de zinc , la creación de la primera

batería de la portátil de celda seca . En 1896, una pila seca mejorada

fue inventado , usando un electrolito de pasta en lugar de un líquido .

Mientras tanto , Joseph Swan en Inglaterra y Thomas Edison

en América se había inventado la luz incandescente moderna

bombilla en 1879. células secas y bulbos de luz en miniatura hecho el

primero linternas eléctricas , también conocidas como linternas, posibles .

En 1898 , la Compañía Nacional de Carbono lanzó el tipo D

pila seca , que proporciona la energía suficiente para portátil

luces portátiles. Uno de los primeros productos alimentados por ella era

un alfiler con una bombilla en miniatura. Los cables conectan la bombilla

a una batería, que estaba escondido en un bolsillo o detrás de una bufanda.

Cuando el usuario pulsa un interruptor , el bulbo destellaba . Usuarios

usos prácticos pronto descubiertos de esta invención, tales como

lectura en restaurantes oscuros o teatros .

Durante muchos años , la marca líder en linternas era

Eveready , originalmente The American Electrical novedad y

Empresa de fabricación . Un inmigrante ruso , Conrad

Hubert, lo inició en la ciudad de Nueva York, en 1898. Misell David , un inventor Inglés , comenzó a trabajar para Hubert en 1897. En

1899 , la compañía de Hubert obtuvo una patente para una eléctrica

dispositivo . Este dispositivo , diseñado por Misell , se parecía mucho a

una linterna moderna. Fue accionado por baterías D- establecidas

adelante hacia atrás en un tubo de papel con la bombilla y un

reflector de latón en bruto en un extremo. La compañía donó

algunos de estos dispositivos a la policía de Nueva York , que

respondido favorablemente a ellos. En 1903 , Hubert patentó

una linterna con un interruptor de encendido / apagado en un cilíndrico moderno

la carcasa que contiene la lámpara y baterías .

Estas primeras linternas funcionaron en pilas de zinc- carbono, que

no podría proporcionar una corriente eléctrica constante y requiere

periódica descansa para seguir funcionando . También utilizaron

bombillas de filamento de carbón energéticamente ineficientes , lo que significó

que los restos tenían que ser frecuentes . Por lo tanto , podrían ser

utilizado sólo en breves destellos , lo que resulta en el término linterna.

Desarrollo de la lámpara de filamento de tungsteno alrededor

1906 , con tres veces la eficacia de filamentos de carbono

y las baterías mejorado, hecho linternas más útil

y popular. En 1922 , la computadora de mano , linterna, y proyector

versiones estaban disponibles . Potente y fiable blanco

LEDs se introdujeron por primera vez en 1999 por los Lumileds

Corporation de San José, California. Estos son ahora

sustitución de las bombillas incandescentes en linternas.

huchas

Durante la Edad Media , el metal era caro y

difícil de encontrar en toda Europa. En consecuencia , las familias

usado arcilla para crear varios potes del hogar, jarras, cuencos ,

y lavabos. En Medio Inglés , pygg refirió a una

tipo de arcilla de color naranja comúnmente utilizado para la fabricación de tales

artículos. La gente a menudo guardan dinero en ollas de cocina y

frascos hechos de pygg , llamados frascos pygg . Las vocales a principios de

Inglés tenía sonidos diferentes que en la actualidad , por lo que

durante la época de los sajones , la palabra pygg haría

se han pronunciado pug. Pero a medida que la pronunciación de

' y' pasado de ser una ' u' a una 'i ', pygg finalmente llegaron a

se pronuncia como cerdo. Tal vez por casualidad, el Viejo

Palabra Inglés para los cerdos , los animales de granja , era picga , con

la palabra Inglés Medio evolucionando hacia Pigge , posiblemente

por el hecho de que los animales enrollados alrededor en

barro pygg y suciedad.

Durante los próximos 200 a 300 años, la

arcilla (pygg) y el animal (Pigge) llegaron a ser pronunciado

los mismos y los europeos olvidaron lentamente que pygg vez

se refirió a las ollas de barro , jarros y tazas . Por el

Del siglo 18 , la ortografía de pygg había cambiado y el

jar pygg término había evolucionado para banco de cerdo . Así , en el 19

siglo, cuando los alfareros ingleses recibieron solicitudes de los bancos pygg , comenzaron a producir los bancos en forma de

cerdos. Este juego de palabras visual inteligente hizo un llamamiento a los clientes y

deleitado a los niños . Una vez que el significado había transferido

de la sustancia a la forma , las alcancías comenzaron a

hacerse de otras sustancias , incluyendo el vidrio , cerámica ,

porcelana , yeso y plástico.

Una teoría alternativa es que en Alemania y que rodea

países , el cerdo es un símbolo de buena suerte. Se creía

que mantener el dinero en un banco en forma de cerdo traería

buena fortuna. En el Año Nuevo , los llamados cerdos afortunados siguen siendo

intercambiados como regalos en Alemania .

Los europeos occidentales no eran los únicos que hacen alcancía

bancos. En Japón, el Maneki Neko o gato del dinero , es a menudo

colocado en el hogar para ayudar a atraer la buena suerte y la fortuna

para el hogar . Maneki Nekos se utilizan a menudo como una especie

de la hucha , la celebración de las monedas sueltas y dinero para el

familia . Aún más interesante , las primeras huchas verdaderos ,

bancos de terracota en forma de cerdos con ranuras en la parte superior

para depositar las monedas , fueron hechas en Java ya en el

Siglo 14. El celengan Indonesia término , que significa " como

un jabalí " , se utiliza para describir estos bancos nacionales.

GOMAS

Una banda de goma , también conocido como un aglutinante, un elástico o banda elástica , una banda de lacayo , banda lag , banda lacka o

gumband , es una longitud corta de caucho en la forma de un

bucle que se utiliza comúnmente para contener varios objetos

juntos. También se utilizan para alimentar modelo pequeño

aviones .

En 1839, un norteamericano llamado Charles Goodyear inventó

el proceso de vulcanización que todavía se utiliza para hacer

moderna de goma. El 17 de marzo de 1845, un inventor británico

y hombre de negocios llamado Stephen Perry patentó el

primeras bandas de goma de caucho vulcanizado . Perry

corporación, los señores Perry y Co , los fabricantes de caucho

de Londres , hecho de una variedad de productos de caucho vulcanizado .

Perry inventó la goma elástica para sujetar papeles o

sobres juntos. Curiosamente , otro inventor , un doctor

Jaroslav Kurash , separado inventó y patentó el

banda de goma en el mismo año , en el mismo día .

Las bandas de goma fueron primero fabricado en serie por William H.

Spencer el 7 de marzo de 1923, en Alliance, Ohio. eran

hecho en el sótano de dobladillos cortados de descartados

productos de caucho , tales como cámaras de aire rechazados de

la Compañía Goodyear . Spencer, guardafrenos del ferrocarril de Pennsylvania , comenzó a vender sus bandas de goma

a las tiendas de artículos de oficina y puntos de venta de papel y cordeles . su

gran oportunidad llegó cuando se dio cuenta de copias de The Akron

Beacon Journal sopla a través de los céspedes . Convenció al

periódico para unirse a su producto con sus bandas de goma

y se convirtió en el primer periódico en el mundo en hacerlo

para entrega a domicilio . También convenció de comestibles a usar su

bandas de goma en vez de cuerdas para asegurar las tiendas de comestibles .

Spencer continuó trabajando para el ferrocarril durante 14 años

mientras que la construcción de un negocio de la goma elástica en la Alianza

planta . Hoy, su Alliance Rubber Company es la mayor

productor de bandas de caucho en el mundo. Tiene 17,3

miles de millones de bandas de goma de un año , además de otra oficina ,

correo y el envasado de productos . Sus productos se venden en

más de 30 países. Spencer murió en 1986 , 94 años de edad.

¿Sabía usted ?

La gente en el Reino Unido se queja de los carteros que cubrían

por tirar las bandas de goma que se utilizan para mantener el correo

juntos. En 2004, la Royal Mail introdujo bandas rojas para

sus trabajadores. Eran fáciles de detectar y sólo la Real

Correo los usó . Esto hizo que los empleados se sienten obligados

para recoger las bandas que habían abandonado , que en gran medida

resuelto el problema . Actualmente , algunos 342 millones roja

bandas se utilizan cada año.

Los relojes de abuelo

Los relojes de abuelo , propiamente dichas , son relojes longcase

, independientes , relojes de péndulo impulsado peso altos con

el péndulo celebró dentro de la caja . El abuelo términos ,

abuela y nieta todos se han aplicado a

Longcase relojes . El consenso general parece ser que un

reloj más corto que 5 pies es una nieta , entre el 5 y el

6 pies es una abuela y de más de 6 pies es un abuelo. más

relojes longcase golpean el tiempo en cada hora o fracción

de una hora . Fue relojero británico William Clemente

que produjo los primeros relojes longcase alrededor de 1680 .

Según cuenta la historia , un reloj longcase especial hincapié

en el vestíbulo del Hotel George en Piercebridge , North

Yorkshire, Inglaterra, donde aún sigue en pie . fue

dice que es excepcionalmente precisa . Los propietarios del hotel eran

un par de solteros , los hermanos Jenkins . Cuando uno de los

hermanos murieron , el reloj previamente precisa curiosamente

comenzó a perder el tiempo. Al principio se perdió 15 minutos por día , pero

cuando varios clocksmiths renunciaron tratando de reparar el

enfermo reloj , que estaba perdiendo más de una hora cada una

día . Después de la muerte del otro hermano, el reloj se detuvo

correr del todo . El nuevo gerente del hotel nunca

intentado que lo reparen . Él sólo lo dejó de pie en un

esquina iluminada por el sol del vestíbulo, sus manos apoyadas en la posición que asumieron el momento en que el último hermano Jenkins murió.

Alrededor de 1875, un compositor americano llamado Henry

Arcilla Trabajo pasó a ser su estancia en el George Hotel

durante un viaje a Inglaterra. Se le dijo que la historia de la vieja reloj y después de verlo por sí mismo , decidió componer una

canción sobre ello . Trabajo volvió a Estados Unidos y publicó

la letra de esta canción, reloj de mi abuelo , en 1876. El

canción fue un gran éxito , vendió más de un millón de copias de la Hoja

música, y popularizado el reloj del abuelo plazo. aquí

es la primera estrofa y el estribillo de la canción :

Reloj de mi abuelo era demasiado grande para la plataforma ,

Así que se puso de pie noventa años en el suelo ;

Era más alto por medio de la vieja hombre mismo,

A pesar de que pesaba ni un pennyweight más .

Fue comprado en la mañana del día en que nació,

Y siempre fue su tesoro y orgullo ;

Pero stopp'd corto nunca ir de nuevo, cuando el viejo murió .

CORO

Noventa años sin dormida (tic , tic , tic, tic) ,

Sus segundos de vida de numeración (tic , tic , tic, tic) ,

Es stopp'd corto nunca ir de nuevo, cuando el viejo murió .

DISCOS COMPACTOS

En 1974, la empresa de electrónica Philips , con sede en

Eindhoven , Países Bajos, comenzó a desarrollar un

disco de audio óptico de mejor calidad de sonido que el

a continuación, disco de vinilo dominante. Pronto se decidió utilizar un formato digital . En 1977 , Philips comenzó un laboratorio para

comercializar su tecnología. Eligieron el término

disco compacto , y su tamaño , 11,5 cm , para que coincida con otro

Philips producto - el casete compacto .

Mientras tanto , Sony , basado en Japón , tenía públicamente

demostrado un disco de audio digital óptico en septiembre

1976 . En 1978 , se desarrolló un disco con las especificaciones

similar a la de CD moderna . En 1979 , las dos compañías

decidieron unir sus esfuerzos y crear una tarea conjunta

obligarle a completar el desarrollo de la tecnología. Después de un

años , el grupo de trabajo produjo el estándar Red Book CD ,

que todavía está seguido hoy . Philips contribuyó el

proceso de fabricación en general , sobre la base de la anterior

LaserDisc , y la técnica de modulación de audio , mientras

Sony contribuyó el algoritmo de corrección de errores .

El CD no fue universalmente bienvenida. El importante

Récord americano etiquetas -CBS , Warner, y quería -RCA

seguir vendiendo discos de vinilo. Sin embargo , aún así, no todo el mundo quería vinilo. El famoso director de orquesta Herbert

von Karajan fue un gran defensor de la CD . afirmó

su apoyo al nuevo sistema y la música en comparación

registros tradicionales de iluminación por gas obsoletos .

El primer CD de prueba fue presionado por Polydor cerca de Hannover ,

Alemania , y contenía , de Richard Strauss Eine Alpensinfonie

(Una sinfonía alpina) , interpretado por la Filarmónica de Berlín

y realizado por von Karajan . En agosto de 1982 , PolyGram

lanzado álbum de 1981 - el primer comercial de CD- ABBA

Los Visitantes . El 2 de marzo de 1983, los reproductores de CD fueron puestos en libertad en

los Estados Unidos y otros mercados.

El CD se requiere el desarrollo de un nuevo paquete

que protegería su superficie sensible del daño . lo

también tenía que mantener un folleto y ser capaz de automática

asamblea. Los equipos de PolyGram en Alemania y el

Holanda diseñó un paquete de tres piezas adecuada hecha

de plástico (poliestireno) . El prototipo era tan impecable

que fue apodada la caja de joya . Se mantiene la

estándar mundial para el embalaje de CD.

CDs hoy se utilizan para almacenar datos, así como la música. más nuevo

formatos de video como DVD y Blu -ray también utilizan el

misma geometría física como el CD . Pero con la reciente

popularidad de los archivos MP3 , la venta de CDs está disminuyendo.

STYROFOAM / thermocol

El poliestireno es un plástico duro y claro que fue por accidente

descubierto en 1839 por Eduard Simon , un boticario en

Berlín. Él había destilado una sustancia aceitosa de estoraque ,

la resina del árbol de liquidámbar turca , que llamó

estireno . Varios días después, Simon encontró que el estireno tenía

espesado en una gelatina . En 1866 , el químico Marcelin Berthelot descubrió que este cambio se debió a la polimerización de

estireno , un petroquímica líquido que se encuentra en estoraque , y el

sustancia se hizo conocido como el poliestireno.

En 1941 , el caucho era escasa debido Mundial

Segunda Guerra y los investigadores en Química de la Compañía Dow

Laboratorio de Física estaban tratando de desarrollar un sistema flexible, similar al caucho

aislante eléctrico . Jefe de equipo de un día Otis McIntire

estireno tratado con la combinación de isobutileno , una volátil

líquido, bajo presión. Para su sorpresa, el isobutileno

burbujas diminutas formadas dentro del estireno , la creación de un nuevo

sustancia que era 30 veces más ligero y más flexible que

poliestireno sólido . También era barato y la humedad

resistentes . Esta poliestireno extruido fue rápidamente adoptado

por la Guardia Costera de los EE.UU. para su uso en una balsa salvavidas de seis hombres . pronto

muchas otras aplicaciones en tiempo de guerra siguieron. Dow patentado

el material como la espuma de poliestireno en el año 1944 y lo introdujo en

el mercado civil en 1954. Hoy en día se utiliza principalmente para los edificios y las artes y oficios
aislante.

Cuando poliestireno se expone a un agente de soplado gaseoso ,

se forma otra sustancia útil conocido como ampliado

poliestireno (EPS) . EPS consta de pequeño poliestireno espumado

cuentas que contienen millones de burbujas de aire atrapadas . Estos lata

ser moldeado en un aislante fuerte, ligero y térmicamente

sólido , que también se llama thermocol , un nombre introducido por el

Empresa química alemana BASF en 1951.

En 1954, la Compañía Koppers Inc., de Pittsburgh,

Pennsylvania, desarrolló espuma EPS . En 1957, el encerado

Paper Company de Chicago, Illinois, presentó la primera patente

para las tazas de poliestireno . Afirmaron que su método

podría hacer tazas que podrían desarrollarse con comodidad ", incluso

aunque agua hirviendo se vierte en la copa . ' Sin embargo , se

Fue sólo en 1970 que la Compañía Koppers introdujo

vasos de espuma modernos. Sus tazas tenían paredes delgadas , menos de

dos veces el diámetro de las perlas , y excelente térmica

propiedades de aislamiento . Pronto se hizo popular para el agua caliente

bebidas. Contenedores EPS para llevar , enfriadores de picnic, industrial

embalaje y otras aplicaciones siguieron. Sin embargo ,

desde la espuma de poliestireno es una sustancia de marca registrada utilizado principalmente

para el aislamiento de edificios , en sentido estricto , no existe tal

cosa como un vaso de plástico ! Una taza de EPS sería una más

Nombre exacto.

Chappals FLIP- FLOPS / HAWAII

Flip-flop también se conocen como Zori (Japón) , tangas

(Australia) , chancletas (Nueva Zelanda) , chappals hawai (India

y Pakistán) , y muchos otros nombres a lo largo del

mundo . El nombre de flip-flop se originó a partir del sonido

estas sandalias hacen al caminar.

Sandalias de tiras han sido usados durante miles de años .

Fotos de ellas se producen en los antiguos murales egipcios desde

4000 antes de Cristo. Se han realizado los ejemplos más antiguos que sobreviven

de papiro deja alrededor de 1.500 aC y se encuentran ahora en el

Museo Británico. Chanclas tempranos fueron hechos de muchos

materiales como el papiro y las hojas de palma (Egipto) , cuero crudo

(Kenya), madera (India) , la paja de arroz (China y Japón) , sisal

hojas (América del Sur) , y la planta de la yuca (México) .

Flip-flop de diversas civilizaciones también tenían diferentes

posiciones para la correa de dedo del pie. Los antiguos griegos lo colocó

entre el primer y segundo dedos de los pies , los romanos preferían

el segundo y el tercero , mientras que los mesopotámicos escogieron

la tercera y cuarta . Los japoneses han estado usando

sandalias zori por lo menos desde el período Heian (794-1185

AD) . El moderno flip -flop se introdujo en los Estados

Unidos cuando los soldados trajeron Zori con ellos después de

II Guerra Mundial de Japón como recuerdo. Se hicieron muy populares durante la década de 1950 . Flip-flop eran tan

fácil de hacer que se convirtieron en los primeros productos en ser

puesto en marcha por muchas empresas japonesas durante su post-

Recuperación de la economía de guerra. Mitsubishi compró muchos de

estas empresas y se convirtió en un gran exportador a principios de chanclas .

La mayoría de los flip-flops tempranos tenían suelas de goma y fueron

tan mal hechos que causaron ampollas y no duran

muy largo . Con el tiempo las empresas japonesas se movieron flipflop

producción a Taiwán , Corea, y luego a China para

reducir los costos .

Hoy en día, los flip -flops , como los pantalones vaqueros , han evolucionado a partir de su precio,

orígenes de clase trabajadora en el uso diario y, a veces

incluso en la alta moda. Algunos cuestan tan poco como $ 1, mientras que

otros con incrustaciones de cristales de Swarovski cuestan $ 150 o más.

En 2011 , mientras estaba de vacaciones en Hawai , Barack Obama

se convirtió en el primer presidente estadounidense en ser fotografiado

usando flip- flops. El Dalai Lama también le gusta chanclas

y con frecuencia les lleva a las ocasiones formales.

¿Sabía usted ?

El diseño simple de los flip -flops es responsable de muchos pies

y menor lesiones en las piernas . En 2010 , en el Reino Unido ,

más de 200.000 personas acudieron al hospital con flip -flop

lesiones relacionadas . Estas lesiones cuestan al British National

Servicio de Salud de £ 40 millones .

CONTRACHAPADO

' Plywood », explicó el Popular Science en 1948 ' , es un

layercake de madera y pegamento. " Consiste en capas delgadas ,

menos de 3 mm de espesor , de madera de bajo costo que se pegan juntos, con las capas adyacentes que tienen su grano a la derecha

ángulos entre sí . Tal graining cruz es muy importante

para aumentar la resistencia y la durabilidad de la madera contrachapada .

Los egipcios inventaron una forma de contrachapado alrededor 3500

BC . Durante una escasez de madera , comenzaron capas delgadas pegar

madera de cara en la parte superior de los paneles más baratos. Para el año 1000 dC,

los chinos de virutas de madera y pegarlo en conjunto para

la fabricación de muebles . Los ingleses, franceses y rusos también

entendido el principio general de la madera contrachapada por la 17 ª

y 18 siglos . Contrachapado precoz se hace típicamente de

las maderas nobles y los utilizados para los muebles del hogar.

La primera patente para contrachapado moderna se publicó en 1865

John K. Mayo de la ciudad de Nueva York. Mayo entendió la

principio de graining cruz, pero nunca comercializó

su invención .

En 1905, la compañía de fabricación de Portland , un pequeño

fábrica de madera de la caja en Portland, Oregón, empezó a

la fabricación de madera contrachapada a partir de una variedad de maderas blandas como el abeto de Douglas locales . Utilizaron los pinceles como pegamento

crucetas y conectores casa como prensas y creado varios

paneles para la exhibición en la Exposición Internacional de Portland Mundial ese año .

Hay que atrajo un gran interés y una industria era

nacido . Hasta aproximadamente 1919 , la madera contrachapada también era conocido como escala

tablero , madera pegada , y construida en madera .

La falta de un adhesivo resistente al agua todavía se hacen de madera contrachapada

no aptos para su uso en exteriores a largo plazo. No fue sino hasta

1934 que el Dr. James Nevin , un químico de la madera contrachapada Harbor

Corporation en Aberdeen , Washington, desarrolló un

adhesivo totalmente impermeable . A fines de 1930 , a raíz de

amplia comercialización , madera contrachapada se consideró un fuerte

y del artículo para la construcción de viviendas . Guerra Mundial

II vio se puso a muchos otros usos - jaulas, casetas ,

cuarteles, torpederos , planeadores, y los botes salvavidas son algunos

de ellos . La industria ha seguido creciendo desde entonces.

En 1982, Kitply Industries Limited fue pionera en el uso de

madera contrachapada resistente al agua en la India. Hoy en día el material es a menudo

simplemente llamado kitply . Pero antes de eso , ya en 1906 , la India

ya había comenzado a importar madera contrachapada. Dos contrachapado

fábricas se iniciaron en Assam, en 1923-1924 , principalmente para

hacer cajas de té . La industria se expandió rápidamente durante

La Segunda Guerra Mundial y las fábricas de contrachapado con madera india

se establecieron en todo el país .

Ventiladores eléctricos

Un ingeniero de Nueva Orleans llamado Schuyler Wheeler

inventó el primer ventilador eléctrico entre 1882 y 1886.

Tenía dos palas unidas a un motor eléctrico , pero sin

jaula de protección . El Crocker y Curtis Electric Motor

Compañía comercializó este producto.

Inventor germano-estadounidense Philip H. Diehl presentó

el ventilador de techo eléctrico. Diehl era un inmigrante alemán

que trabajó para la Singer Sewing Machine Company . en

1882 montó un aspa del ventilador en un motor de la máquina de coser

y unido al techo , inventando así el techo

ventilador, que patentó en 1887. Más tarde , como jefe de Diehl

and Co. , agregó un artefacto de iluminación al ventilador de techo . En el año 1904 ,

añadió una empresa dividida pelota, que permitió a la dirección de

flujo de aire para ser cambiado ; tres años más tarde , se convirtió en el

oscilante primer ventilador .

Ventiladores eléctricos tempranos eran bastante caros y eran

sólo se utiliza en grandes oficinas o casas ricas. La primera

ventiladores asequibles se hicieron de todo a finales de 1890 a

a principios de 1920 . La mayoría de ellos tenían hojas de latón y las jaulas .

Sin embargo , las jaulas no estaban realmente destinadas a proteger

el usuario, pero las caras las aspas del ventilador . De hecho , a menudo

tenía aberturas lo suficientemente grandes para que los niños ponen sus manos en el interior , lo que lleva a muchas lesiones .

La Primera Guerra Mundial dio lugar a una escasez de metal, el cual fue

necesarios para la munición , así que los fabricantes del ventilador conmutada

a jaulas de acero . General Electric introdujo fans con

palas de aluminio superpuestos , que se desarrolló mucho más

en voz baja, a finales de 1920 . Emerson presentó la hermosa

pero funcional fan Silver Swan en 1932. Su diseño art deco

palas de aluminio utilizado, pero se basan en la forma de un

hélice de barco . Este ventilador cisne fue un gran éxito y

probablemente ayudó Emerson sobrevivir a la Gran Depresión.

La creciente popularidad de los aparatos de aire acondicionado durante

la década de 1950 se redujo la demanda de ventiladores eléctricos y

fabricantes respondieron reduciendo los costos a expensas

de calidad .

En 1998, el estadounidense Walter K. Boyd inventó el alto volumen

de baja velocidad (HVLS) ventilador de techo . Boyd fue

desarrollo de un sistema para enfriar vacas lecheras , que producen

menos leche si se recalientan . Creó una gran

ventilador eléctrico que utiliza 10 aletas de aluminio y tenía un

diámetro de 8 pies . Se movía lentamente, pero era muy energéticamente eficientes

y no levantar polvo. Hoy los fans HVLS son

ampliamente utilizado en naves industriales , fábricas y

centros comerciales para reducir la calefacción y los costes de refrigeración .

CONFETTI

Confeti menudo se lanza a desfiles, celebraciones y

bodas. Por lo general, se hace a partir de muchas piezas pequeñas

de papel , de Mylar , o de material metálico . Está disponible

en una variedad de colores y formas como estrellas y

copos de nieve.

La palabra confeti Inglés está relacionado con el italiano

confitería del mismo nombre , que era un pequeño dulce

tradicionalmente arrojada durante los carnavales . Ellos pueden tener

fue inventado en la ciudad de Sulmona , en la provincia de L' Aquila,

El centro de Italia , durante el siglo 15 , donde continúan

para ser fabricado y vendido en la actualidad. También conocido

como gragea , almendras de Jordania , o peladillas , Italiano

confeti consta de almendras u otros frutos secos cubiertos con una

capa de azúcar duro. El nombre proviene de la italiana

confit de palabra , como en confitura , que significa fruta confitada o mermelada .

La palabra italiana para el confeti de papel es coriandoli , es decir,

cilantro, lo que puede implicar que en un principio los dulces

semillas de cilantro contenidas en lugar de almendras.

Por tradición , confeti italiana se hace en varios colores y

dado a los invitados en los días de celebración , a menudo envuelto en

pequeñas bolsas de malla ligera (tul) . hay

significados tradicionales atribuidos a los colores azul o rosado para los bautismos , rojo para los cumpleaños y graduaciones , verde para

compromisos, blanco para las bodas , y una variedad de colores

para los aniversarios . En una boda , que se dice que representan

la esperanza de que la nueva pareja va a tener un matrimonio fértil.

Los británicos adoptaron confeti para las bodas , desplazando el

arroz tradicional , hojas o flores , en el extremo de la 19a

siglo , utilizando tiras de papel de colores simbólicos en lugar

que los dulces reales. Un tema 1885 de la revista Scientific American revistas trozos grabados de papel de colores que son lanzados

sobre las personas en París en la víspera de Año Nuevo de 1881. A principios

1900, confeti de papel se fabrica y se vende la máquina

en todo el mundo . Cascarones , cáscaras de huevo rellenos de confeti

destinado a ser roto por encima de la cabeza de un amigo, fueron

desarrollado en México durante el siglo 19 , en el que

han llegado a ser popular durante las celebraciones navideñas , como

Pascua , el Cinco de Mayo, y el Carnaval .

Confeti de pétalos Natural , hecho de flores liofilizado

pétalos, ha vuelto popular en las bodas.

¿Sabía usted ?

Confeti tiene una lista en el Libro Guinness de los

Registros . Casey Larrain de California tiene la mayor

colección de confeti con unas 1.700 formas únicas ;

incluyendo en forma de confeti como perros calientes, Elvis Presley,

hadas, piratas , secador de pelo , esmalte de uñas y lápiz labial.

CARTÓN

La palabra de cartón ha estado en uso desde el tiempo de vuelta

como 1683, cuando se dijo : 'Los vainas mencionan en

gramáticas del siglo pasado los impresores eran de cartón

o cartón ' . Las primeras cajas de cartón comerciales

se producen en Inglaterra en 1817. Estos se hicieron

a partir de papel de alta resistencia que se pliega y se corta en la

forma de una caja .

Papel corrugado o plisada es más fuerte de lo normal

papel. Fue patentado en Inglaterra en 1856 por Healey y

Allen y originalmente se hizo popular como un revestimiento para alta pieles

sombreros. No fue sino hasta 1871 que el corrugado de una cara

tableros fueron patentados y usados para el envío . La patente

se emitió a Albert L. Jones de la ciudad de Nueva York , que utilizó

para envolver botellas y las chimeneas de la linterna de vidrio.

G. Smyth construyó la primera máquina para producir en masa

cartón ondulado en 1874. Ese mismo año , Oliver largo

mejorado el diseño de Jones inventando moderna

cartón ondulado de doble cara . En 1884, el químico sueco

Carl F. Dahl encontró que la pasta de papel a partir de árboles de madera blanda ,

como el pino , podría ser utilizado para crear papel kraft resistente .

Hoy cartón ondulado se hace por engaste

capas de papel kraft en una forma de repetir ' s ' llamaron el medio de corrugado o estriado . Más capas de papel kraft ,

llama liners , luego son pegados a ambos lados del papel acanalado .

Escocés Robert Gair , una impresora y máquina de bolsa de papel

en Brooklyn, Nueva York, inventó el cartón precortado o

caja de cartón en el año 1890 . invento de Gair fue un accidente.

Un día él estaba imprimiendo un orden de sacos de semillas cuando un

regla de metal normalmente utiliza para plegar las bolsas se movió en

posición y se cortan en su lugar. Pronto descubrió que Gair

él podría hacer cartón prefabricadas de bajo costo

cajas por corte y plegado en una sola operación .

Gair también aplicó su idea de cartoncillo corrugado cuando

llegó a estar disponible a principios del siglo 20. pronto

cajas de embalaje de cartón estaban reemplazando madera

cajas y cajas. Esto redujo el peso total de la

envío y en última instancia los costes de envío. El Kellogg

Empresa pionera en el uso de cajas de cartón como

cajas de cereal y la Kieckhefer Container Company de

Chicago desarrolló cartones de leche de papel.

Famoso arquitecto canadiense-estadounidense Frank Gehry

introducido Fácil Bordes muebles de cartón para el diseño

mundo entre 1969 y 1973. Varias compañías ahora

fabricar y vender tablas de cartón , sillas y escritorios que pueden

soportar miles de libras .

ASPIRADORAS

Muchas personas desarrollan la aspiradora. había

varios limpiamoquetas alimentado a mano patentados durante el

Del siglo 19. En 1899 , John Thurman de St. Louis, Missouri,

diseñado un renovador alfombra impulsado por aire comprimido.

Sin embargo , la máquina de Thurman no era una aspiradora ;

sopló el polvo en un recipiente en vez de chupar pulg

Ingeniero Inglés Hubert Booth tiene la afirmación más fuerte

a la invención de la aspiradora motorizada. En 1901,

asistido ' una demostración de una máquina americana por su

inventor ' (posiblemente Thurman) en el Salón Imperio Music

en Londres. Stand vio el polvo soplado dispositivo sillas

y pensé que sería mucho mejor si se chupaba el polvo

en su lugar. Creó un gran dispositivo , apodado el Puffing

Billy , que fue originalmente impulsado por un motor de petróleo y

más tarde por un motor eléctrico . La bomba de vacío y el motor

fueron alojados en un carro tirado por caballos , de la que una larga

manguera serpenteaba en la casa. Stand comenzó los británicos

Empresa Aspiración (BVCC) y refinado su

invención en las próximas décadas. La limpieza con aspiradora

era una novedad tal que las damas de la sociedad en Inglaterra invitados

sus amigos a través de los partidos de vacío !

En 1907 , James Spangler , un conserje de Canton, Ohio, inventó la primera práctica de vacío eléctrica , portátil

limpiador . Spangler estaba intentando mejorar la alfombra vieja

barredora que utilizó en el trabajo. Él vanamente con un viejo eléctrica

motor del ventilador , conectado a una caja de jabón con grapas a una escoba

manejar, y se utiliza una funda de almohada como un colector de polvo. él

luego comenzó una empresa para vender su invento , pero pronto se vende

al empresario William Hoover. Hoover rediseñado

Máquina de Spangler y lanzó el Modelo S en 1908.

Marketing innovador , incluyendo 10 días ensayos gratuito Inicio

y vendedores de puerta en puerta , pronto hicieron la Hoover

Empresa muy exitosa. En Gran Bretaña , el nombre de Hoover

se convirtió en sinónimo de la aspiradora. incluso

hoy, uno hoovers uno de alfombras . Otros fabricantes , como

como Eureka y Electrolux , comenzó a competir con Hoover.

Entre 1978 y 1993 , el diseñador industrial británico James

Dyson construido 5.000 prototipos antes de perfeccionar su sin bolsa

aspirador , que operaba en el principio

de separación ciclónica . Ningún fabricante o el distribuidor

se ocuparía de Dyson Dual Cyclone, ya que perturbaría

el mercado valioso para las bolsas de polvo de reemplazo . él

finalmente decidió vender el producto a sí mismo a través de

catálogos y se convirtió en el vacío de venta más rápida

limpiador jamás se ha hecho . Para mayo del 2001, Dyson tenía el 52 por ciento de

el mercado por valor. Recientemente, aspiradoras robóticas ,

como Roomba de iRobot , también se han hecho populares .

BLOQUEOS

Los historiadores no están seguros de dónde y cuándo el primer bloqueo fue

inventado . Una cerradura warded utiliza un conjunto de salas (obstrucciones) que impiden el bloqueo de giro. La clave correcta tiene

coincidiendo los cortes de las salas , lo que permite que gire libremente .

Este mecanismo fue probablemente inventado por los romanos

y todavía es utilizado hoy en día . Sin embargo , no es seguro, ya

las salas pueden ser anuladas con una llave maestra en la que

se han eliminado la mayoría de las muescas .

La mayoría de las otras cerraduras contienen vasos que deben ser movidos

por la llave para abrir ellos. Un ejemplo es el tumbador de clavija

cerradura, que contiene un conjunto de pasadores de diferentes longitudes que

obstruir el perno. La tecla de la derecha levanta las patas para que el

perno a girar. Los egipcios conocían este principio básico por

2000 antes de Cristo. Cerrajero estadounidense Linus Yale Sr. inventó el

moderno cilíndrico pin cerradura de enclavamiento en 1848. Su hijo, Yale ,

Jr., introdujo una llave más pequeña, plana en 1861 con dentado

bordes que se podrían hacer en miles de variaciones ,

mejorando así la seguridad. También desarrolló la moderna

cerradura de combinación en 1862.

Cerrajero Inglés Joseph Bramah patentó el Bramah

cerradura de seguridad cilíndrica en 1784. Su sofisticado

mecanismo utilizado seis placas de metal como vasos . En 1790, aparece un Bramah Lock Challenge en su escaparate,

montado en una placa que decía:

El artista que puede hacer que un instrumento que recogerá o abrir

este bloqueo recibirá 200 guineas el momento en que se produce.

Este bloqueo se consideró unpickable durante 67 años, hasta

Cerrajero norteamericano Alfred Hobbs abrió y fue

galardonado con el premio. Intento Hobbs ' requiere 51 horas ,

repartidos en 16 días.

Cerraduras del vaso de palanca utilizan un conjunto de palancas , a menudo cinco o siete

de ellos , como vasos . Fueron inventados en Europa en

el siglo 17. Robert Barron de Inglaterra patentó un

versión de doble efecto en 1778 que obligaba a las palancas

que ser levantado a una altura determinada para abrir la cerradura , por lo tanto

la mejora de la seguridad. Todavía se utiliza hoy en día, sobre todo

para las cajas fuertes y las prisiones . Jeremías Chubb de Portsmouth,

Inglaterra, inventó un detector de bloqueo en 1818. Esta palanca

cerradura de tambor tenía una característica de seguridad importante: se ha atascado

cuando alguien trató de interferir con ella.

La cerradura de pestillo de disco fue inventado por Emil Henriksson

en 1907. Ha ranurado discos giratorios que actúan como vasos .

El mecanismo es duradero y no puede ser golpeado , es decir ,

se abrió con una llave especial bache , a diferencia de las cerraduras del vaso del perno .

Recientemente cerraduras electrónicas también se han hecho populares .

CONTROL REMOTO

Famoso inventor serbio- americano Nikola Tesla

desarrollado uno de los primeros ejemplos de la moderna

mando a distancia. En 1898, se demostró una radiocontrolled

barco durante una exposición en la Plaza Madison

Garden , Nueva York. Poco después, el ingeniero español

Leonardo Torres- Quevedo desarrolló un control remoto inalámbrico

sistema de control que él llamó el Telekino . En 1906, Torres

controlado con éxito una embarcación impulsada por el motor en Bilbao

puerto de la costa, más de una milla de distancia, en presencia

del Rey de España y muchos otros.

La primera distancia de la televisión fue desarrollado en 1950 por el

Zenith Electronics Corp de Chicago. El presidente de Zenith

quería desarrollar un dispositivo para ' desconectarse molesto

anuncios ' . Su primer remoto , llamado Lazy Bones , fue

conectados a la TV mediante un cable , pero que causó frecuentes

tropezar. Zenith desarrolló un control remoto inalámbrico,

la Flashmatic . Funcionó por un rayo de luz en un

TV equipado con cuatro células fotoeléctricas. Pero la mayoría de la gente

olvidaron qué celda hizo qué y que a menudo han sido provocadas

por otras fuentes de luz .

En 1956, el inventor austríaco-americano Dr. Robert Adler

desarrollado el Comando Espacial Zenith para resolver estos problemas . Él utilizó ultrasonido para transmitir señales al televisor.

Su modelo original era mecánico y cuatro barras de aluminio

generado los tonos de ultrasonido . El proceso produce un

clic audible cada vez que se pulsa un botón, de la que

viene el clicker moderna plazo.

Las primeras unidades de Comando Espacial eran caros porque

sus receptores utilizaron seis tubos de vacío , elevando el precio de los

TV por treinta por ciento. A principios de la década de 1960, comenzaron los controles remotos utilizando transistores y se hizo más barato y más pequeño. cenit

comenzó a crear pequeños mandos a distancia que funcionan con baterías

que los cristales piezoeléctricos de segunda mano, en lugar de aluminio

varillas, para generar el ultrasonido . Mandos a distancia ultrasónicos

basado en el diseño de Adler siguió siendo popular para el próximo 25

año . Pero estaban muy lejos de perfecto. Cualquier forma natural

ocurre el ruido podría desencadenar el receptor accidentalmente y

mascotas podía escuchar las señales ultrasónicas . En 1980 , un canadiense

empresa llamada VIEWSTAR lanzó un control remoto

el utilizado infrarroja en lugar de ultrasonidos. Estos fueron un

éxito inmediato y controles remotos infrarrojos de VIEWSTAR ,

Zenith , y otras compañías pronto comenzaron a dominar el

mercado.

A principios de la década de 2000 , la mayoría de las casas tenían un gran número de

dispositivos, cada uno con un mando a distancia . Ahora hay incluso

un inodoro a control remoto , el Kohler C3 !

PREPARADOS PARA LACTANTES

Es un hecho indiscutible que la leche materna es el mejor alimento

para los bebés. En épocas anteriores , las mujeres que no pudieron

amamantar a sus bebés acostumbrados a confiar en otros, como en húmedo

enfermeras les alimentan de la leche materna . Sin embargo , durante el

Del siglo 19, la gente comenzó a alimentar a los bebés leche de

vacas, cabras, caballos , e incluso burros. La leche de vaca era

el más común .

Sin embargo , este tipo de bebés alimentados con biberón son menos saludables que

los alimentados con leche materna - y sufrió de deshidratación y malestar

estómagos . En 1838 , el científico alemán Johann Franz Simon

encontrado que la leche de vaca fue mucho más alta en proteínas, pero

baja en hidratos de carbono que la leche humana. luego los médicos

sugirieron que las madres añadir agua , el azúcar y la crema de

hacerla más similar a la leche materna.

La primera fórmula real infante fue desarrollado en 1860 por

Científico alemán Justus von Liebig . Soluble infantil de Leibig

La comida era una mezcla en polvo de harina de trigo , deshidratado

leche de vaca , harina de malta , y bicarbonato de potasio que

tenido que ser mezclado con la leche de vaca caliente. La Nestlé

Empresa de Suiza pronto se le ocurrió su propia

fórmula que era similar a la de Leibig , pero más barato . En 1919, una nueva fórmula infantil llamado SMA (Synthetic

Adaptación de la leche) fue desarrollado por SMA Nutrición de

Michigan . Sustituyó a la grasa láctea por animal y vegetal

grasas y aceite de hígado de bacalao , incluso contenido . Unos años más tarde

Nestlé introdujo Lactógeno , construido a partir de vegetales

aceite , como un competidor de SMA .

A mediados de la década de 1920 , el gigante de fórmula Similac se inició en

Boston, Massachusetts . Su fórmula contiene una mezcla

de la leche de vaca , aceite vegetal , calcio , y fósforo

sal . Debe su nombre porque era supuestamente tan similares

para la lactancia . Aún no había muchas personas que utilizan

los preparados para lactantes , debido a su alto costo . En 1883 , John B.

Myenberg inventó un proceso para eliminar el azúcar de

leche evaporada . Otros añaden entonces la leche de vaca , maíz

jarabe y el agua para crear un barato, sin azúcar

fórmula infantil que era fácil de digerir. Los bebés que se alimentan de

creció tan bien como los bebés alimentados con leche materna y por la década de 1930 ,

fórmula infantil se ha vuelto muy popular.

A finales de 1950 , se inició la adición de hierro Similac , porque

los bebés alimentados con fórmula tienden compararse con deficiencia de hierro

a los bebés amamantados . Desde la década de 1970 , muchos otros

se han realizado mejoras a la fórmula infantil para dar

it tantos beneficios de la leche materna como sea posible .

Q-Tips

Hisopos de algodón, bastoncillos de algodón , o auriculares constan de un pequeño

fajo de algodón envuelto alrededor de uno o ambos extremos de un corto

varilla , por lo general hechas de cualquiera de madera, laminados de papel o de plástico.

Polaco- estadounidense nacido Leo Gerstenzang , que vivía en Nueva

Ciudad de York, inventó el hisopo de algodón en la década de 1920 . sobre

observando su esposa aplicar fajos de algodón para mondadientes

en un intento de llegar a difíciles de limpiar zonas , Gerstenzang ,

quien fue el fundador original de la compañía Q-tips ,

tenido la idea de fabricación de una sola pieza lista para su uso hisopo de algodón. En 1923 , fundó el Leo Gerstenzang

Infant Novelty Co., una empresa que comercializa el cuidado del bebé

accesorios. Su producto , que él nombró Gays y bebés

más tarde Q-tips Gays bebé , pasó a convertirse en el más ampliamente

name- Q-tips de marca vendidos, donde el Q sinónimo de calidad .

El origen del nombre del bebé Gays no está claro.

En 1958 , la compañía Q-tips comprado Sticks papel

Ltd. de Inglaterra , un fabricante de papel se pega para la

el comercio de la confitería. Su maquinaria fue posteriormente

traído a los Estados Unidos y se utiliza para la fabricación de Q -tip

Hisopos de algodón de papel del aplicador. Esto hizo Q-tips disponibles

en ambas variedades de palo de madera y papel. palos de madera

fueron finalmente interrumpido en la década de 1980 . Antimicrobial

Q-tips se pusieron en marcha en 1998. Los esfuerzos recientes se han centrado en la elaboración del producto más amigable con el medio ambiente ,

tales como cambiar el plástico utilizado para el palo para PET

(tereftalato de polietileno) , que también se utiliza para

la fabricación de botellas de refrescos . En noviembre de 2011 , estos nuevos

Q-tips fueron confirmados para ser biodegradable.

El término Q-tips se utiliza a menudo como un nombre genérico para el algodón

hisopos . Hoy en día, cerca de 26 mil millones hisopos de algodón Q-tips

se producen cada año. Pero ellos ya no se utilizan

exclusivamente para los bebés. La gente los usa para aplicar el pegamento

en proyectos de artesanía , limpie los dispositivos electrónicos , retire

maquillaje, teclados de computadora limpia y otros - toreach duro

lugares, eliminar la suciedad y los desechos de sus perros "y oídos externos gatos , artículos de colección de polvo , aplique ungüentos , pintura

modelos , y mucho más .

¿Sabía usted ?

El uso de hisopos de algodón para limpiar el canal auditivo está asociado

sin beneficios médicos y plantea riesgos definidos. Se puede

causar otitis externa , también conocida como oído de nadador, un

inflamación de la oreja y el canal auditivo externo que resulta

en el dolor de oído . También es una de las causas más comunes de

perforación del tímpano , que a veces requiere cirugía

para corregir .

SEDA DENTAL

El hilo dental se hace ya sea de un paquete de nylon fino

filamentos o de plástico como teflón o polietileno, o un pañuelo de seda

la cinta , y se utiliza para eliminar los alimentos y la placa dental

de los dientes . Puede ser con sabor o sin sabor , encerado

o sin cera . Los dentistas están de acuerdo en que el uso de hilo dental , además de

cepillado de los dientes reduce la gingivitis , que es una enfermedad de las encías

a menudo causada por la acumulación de placa , en comparación con el diente

cepillado solo .

Levi Lanza Parmly , un dentista de Nueva Orleans, es

acreditado con la invención de la primera forma de hilo dental.

Recomendó que la gente debe limpiar sus dientes

con un hilo de seda fina , en un libro , una guía práctica para la

Gestión de los dientes , publicado en 1819. Sin embargo ,

hilo dental no estaba disponible para el consumidor hasta el

Codman y Shurtleft Company, con sede en Randolph,

Massachusetts, comenzó a producir y la comercialización humanusable

seda de seda encerada en 1882. Esto fue seguido en

1896 por el primer hilo dental de Johnson & Johnson

Corporation, que comenzó un negocio que continúa incluso

hoy . La compañía con sede en Nueva Jersey, recibió el primer

patente de hilo dental en 1898. Su producto fue hecho

Del mismo material de seda utilizado por los médicos para coser

heridas . Otras marcas tempranas incluyeron la Cruz Roja , Salter Sill Co. y Brunswick.

El hilo dental se ha mencionado en la literatura de ficción desde la

principios del siglo 20 . Por ejemplo , un carácter se representa

el uso de hilo dental en la famosa novela de James Joyce Ulises.

Pero el hilo no fue ampliamente utilizado antes de la Segunda Guerra Mundial. alrededor

esta vez , American Dr. Charles C. Bass desarrolló nylon

hilo dental , probablemente porque los japoneses habían cortado la

La oferta de Estados Unidos de la seda. Él encontró que el hilo de nylon fue mejor

que la seda debido a su mayor resistencia a la abrasión y

elasticidad. Después de esto, el hilo dental pronto se hizo muy popular en

los EE.UU. . El uso de nylon también permitió el desarrollo

de encerado hilo dental en los años 1940 y cinta dental en la década de 1950 .

Bass también articula y promueve la Técnica de Bass

El cepillado de dientes . Debido a esto , él se refiere a veces como el padre de la Odontología Preventiva .

Desde entonces , la variedad en los productos de la seda dental tiene

ampliado para incluir nuevos materiales como el Gore- Tex,

y diferentes texturas como la seda esponjosa y suave seda .

En respuesta a las preocupaciones ambientales , la seda hecha de

materiales biodegradables también está disponible . Otro nuevo

productos incluyen la seda con extremos rigidizadas , que es

diseñado para hacer uso de hilo dental más fácil para aquellos con los apoyos o

otros aparatos dentales.

LENTES

La evidencia más temprana de aumento óptico se remonta

al antiguo Egipto . Algunos jeroglíficos egipcios de la

Siglo quinto antes de Cristo representan las lentes de cristal simples. Durante el

Siglo primero dC, Séneca , tutor del emperador

Nerón de Roma , escribió: " Las cartas , por pequeño y

indistinto, se ven ampliada y más claramente a través de un

mundo o un vaso lleno de agua ' .

El uso de lentes convexas para formar imágenes ampliada se

discutido en el científico árabe libro de Óptica de Alhazen escrito

en 1021. Su traducción al latín en el siglo 12 fue

fundamental para la invención de las gafas en Italia alrededor de

1286 . Los primeros vasos eran de mano y forman a partir de dos piezas convexas de vidrio o cristal . Cada uno estaba rodeado de

un marco con un mango conectado por un remache . El más temprano

evidencia gráfica es 1352 el retrato de Tommaso da Modena

del cardenal Hugo de Provenza.

A finales del siglo 14 , miles de espectáculos

estaban siendo exportados de un país a lo largo de

Europa . Los duques de Milán ordenó prestigiosa

Gafas de Florencia por los cientos para regalar como

regalos a los cortesanos y ópticos producidos tanto convexa y

lentes cóncavas de varios puntos fuertes en grandes cantidades . Pero no fue hasta 1604 que el científico Johannes Kepler publicó

la primera explicación correcta de cómo convexa y cóncava

lentes corrigen la fecha y la miopía (presbicia

y la miopía , respectivamente) . El gran pensador americano ,

Benjamin Franklin , quien sufría de miopía y tanto

presbicia, inventó los lentes bifocales en la década de 1780 . molesto por

tener que cambiar constantemente las gafas , Franklin cortó su

gafas de lectura en medio y les fusionado con su distancia

gafas. En mayo de 1785, escribió : "Como me pongo mis gafas

constantemente , sólo tengo que mover los ojos hacia arriba o hacia abajo , como yo

quieren ver claramente lejos o cerca , siendo los vasos adecuados

siempre listo . ' Las primeras lentes para corregir el astigmatismo

fueron construidos por el astrónomo británico George Airy

en 1825.

O bien se llevan a cabo a mano tempranos oculares o quevedos , que

se fija en la nariz por la presión . Cuadros modernos tenían sido desarrollada por 1727, posiblemente por el óptico británico

Edward Scarlett , pero no tuvieron éxito hasta principios del

Del siglo 19.

En el siglo 20 , Zeiss desarrolló Punktal

esféricas Lentes punto de enfoque que dominaron gafas

lentes durante muchos años. Hoy en día, los marcos de anteojos de larga duración

a partir de aleaciones de forma de metal son ampliamente disponibles. estos

marcos vuelven a su forma correcta después de ser doblada .

APARATOS AUDITIVOS

La primera evidencia de un audífono es en un libro, titulado

Magiae Naturalis (Natural Magia), publicado en 1588 .

En este volumen , el autor italiano Giovanni Battista Porta

discute audífonos de madera tallada en las formas de

oídos pertenecientes a animales con buena audición , tales como

gatos. Durante los años 1600 y 1700 , al oír las trompetas de ayuda

eran populares . Ellos estaban muy abiertos en un extremo para recoger el sonido,

estrecha en el otro extremo para dirigir el sonido amplificado en la

oreja, fabricada de cuerno de animal , cáscara del mar , vidrio, y más tarde

cobre y latón. Ludwig van Beethoven fue un notable

usuario de escuchar trompetas de ayuda.

Durante la década de 1700 , se descubrió la conducción ósea. este proceso transmite las vibraciones del sonido directamente a través de la

cráneo para el cerebro . Pequeños dispositivos en forma de abanico se colocaron

detrás de las orejas para recoger las ondas sonoras y dirigirlas

a través de los pequeños huesos detrás de la oreja . La primera fullscale

fabricante de audífonos era Frederick Rein de

Londres en 1800 . Produjo trompetas del oído , los fans de la audición,

y tubos de conversación .

Durante el siglo 19 , los audífonos oculto o invisible

se hizo popular. Se convirtieron en accesorios decorativos ,

integrado en sofás , collares, peinados y ropa. Algunos trataron de ocultarlos en barba entera .
Miembros de

realeza incluso tenía ayudas integradas en sus tronos de la audición,

con tubos especiales incorporadas en los brazos para recoger

las voces de los sujetos arrodillados . Estos fueron canalizados hacia

una cámara especial de eco y amplifica antes de emerger

de aberturas cerca de la cabeza del monarca.

Los primeros audífonos electrónicos se construyeron después de

Alexander Graham Bell inventó el teléfono en 1876 .

Campana sonido amplificado electrónicamente en su teléfono usando

un micrófono de carbono y la batería . Este concepto fue

adoptado por los fabricantes de audífonos . Una de la primera

audífonos portátiles documentados fue por JC Chester

de Montana . Estos audífonos eran engorrosos

cajas con cables visibles y la batería pesada

sólo duró unas pocas horas. En 1899 , Miller Reese Hutchison

de la Compañía Akouphone patentado la primera práctica

audífono eléctrico usando un transmisor de carbono y

de la batería . Era tan grande que tuvo que sentarse en una mesa .

Un mayor desarrollo de los audífonos se ha centrado en

miniaturización , primero con el uso de tubos de vacío ,

a continuación, transistores , y finalmente los circuitos integrados . cenit

puesto en marcha la primera ayuda de todo audiencia transistor en 1952. Hoy en día,

programables ayudas completamente digital auditivos son lo suficientemente pequeños

para caber cómodamente detrás de la oreja .

UÑAS Y REMOVER

La tinción de las uñas data todo el camino de regreso a la antigua China

y Japón. Los antiguos egipcios también manchadas con clavos

henna , mientras que los incas decoraban sus uñas con

imágenes de águilas . Retratos europeos de la 17 ª

y 18 siglos muestran brillantes, las uñas pintadas . Por el

a partir del siglo 19 , las uñas se estaban tintadas

con aceites perfumados rojos y luego pulido o pulimentado con

un paño de gamuza , en lugar de simplemente pulido. europeo

y libros de cocina americanos del siglo 19 aún tenían

instrucciones para hacer pinturas de uñas . Luego, en el 19 y

principios del siglo 20 , las uñas volvieron a ser pulido

en lugar de pintado . Gente masajes polvos tintados y

cremas en sus uñas y luego pulida sean brillantes .

El Northam Warren Company de Stamford, Connecticut,

lanzado Cutex en 1911. Este producto fue un extracto de la cutícula ,

de ahí el nombre de corte ex. Cutex produjo los primeros tintes de uñas

en 1914. En 1917 , se presentó el primer líquido de color

esmalte de uñas mediante la adaptación de final de la pintura del automóvil. Para el año 1925 ,

esmalte de uñas líquido dominó el mercado . En 1928 , Cutex

introducido un removedor de base de acetona que era seguro para los

uso en el hogar y el aumento de la venta de esmalte de uñas , entre

las mujeres jóvenes. Charles Revson , su hermano Martin

Revson y un químico Charles Lachman nombres comenzaron el Charles Revson Company en Nueva York. laboral

para ellos era un artista de maquillaje francesa llamada Michelle

Menard . Menard se inspiró en el esmalte usado para

pintar los coches y se preguntó si las mismas técnicas podrían

ser utilizado para crear de larga duración esmalte de uñas . Los fundadores de

la compañía pensó que este producto tenía potencial, y

establecer una fábrica para la fabricación de él. La compañía renombrada

sí Revlon, donde " L " significaba Lachman , y comenzó

vender el primer esmalte de uñas moderna en 1932 a través de la belleza

y salones de belleza . Más tarde se introducen barras de labios a juego

el esmalte de uñas y en 1937 , comenzaron a vender sus productos

a través de los grandes almacenes y farmacias. Tanto Cutex y

Revlon permanecen grandes marcas hoy.

El tipo más común de quitaesmalte hoy todavía

utiliza acetona, que es poderosa y eficaz, pero dura

en la piel y las uñas. También se puede utilizar para eliminar artificial uñas, que por lo general están hechas de acrílico. El común

alternativa se llama simplemente el esmalte de uñas sin acetona

removedor y por lo general contiene acetato de etilo. Este es un menos

disolvente agresivo y por lo tanto se puede utilizar para eliminar uñas

esmalte de uñas artificiales . Los problemas de salud asociados

con estos removedores han llevado a la reciente introducción de

productos totalmente naturales y biodegradables .

JERINGAS

La palabra de la jeringa se deriva de la palabra griega συριγξ

(siringe) tubo de significado. El uso más antiguo conocido de jeringas

estaba en la India, donde todavía se utilizan jeringas grandes de chorro

agua de color durante el festival hindú de Holi . la

primero jeringas de émbolo para uso médico, como jeringas nasales,

se desarrollaron en la época romana . En el siglo noveno ,

el cirujano iraquí / Egipto Ammar ibn ' Ali al- Mawsili '

creado una jeringa usando una aguja hueca (hipodérmica) , una

tubo de vidrio hueco, y la succión para eliminar las cataratas de

los ojos de los pacientes. En 1844, el médico irlandés Francis Rynd

reinventado la aguja hueca y lo utilizó para hacer el

inyecciones subcutáneas primera registrados .

Las primeras patentes de jeringa de John y Frederick Weiss eran

llevado a cabo en 1824 y 1851 respectivamente. Alexander Wood, un médico escocés , inventó el hipodérmica médica

jeringa en 1853. Combinaba una jeringa de metal con un

hueco de la aguja puntiaguda lo suficientemente fina para perforar la piel

sin necesidad de cortar una abertura. El trabajo del Dr. Wood mostró

que las jeringas hipodérmicas fueron útiles en la medicina .

Por la misma época , Charles Pravaz , un cirujano de

Lyon , Francia, desarrollado independientemente un dispositivo similar

que se hizo popular como el Pravaz Jeringa. Tenía un pistón accionado por un tornillo para poder administrar dosis exactas.

Otro cirujano francés, LJ Béhier , hizo Pravaz de

invención conocida en toda Europa.

El BD o Becton , Dickinson and Company, una médica

firma de instrumento , se formó en 1897. En octubre de ese

años , vendieron su primer Luer hipodérmica de cristal

jeringa . A finales de la década de 1800, este tipo de jeringas fueron ampliamente

disponible, pero no había muchas drogas inyectables en la

mercado. Luego, en 1921 , se descubrió la insulina. Tenía que

se inyecta directamente en el torrente sanguíneo , y esto creó

un nuevo mercado para las agujas hipodérmicas . B.D. comenzó a vender

una jeringa de insulina para los diabéticos en 1924.

En 1946 , Chance Brothers de Birmingham , Inglaterra,

producido la primera jeringa de cristal con intercambiables

cilindro y el émbolo , que simplifica la masa - la esterilización

de jeringas . En 1954, B.D. creó la primera producción masiva

jeringa y aguja desechable . Fue desarrollado para la masa

la administración de la nueva vacuna contra la polio Salk a American

los niños . En 1955, Roehr Productos introdujeron la Monoject ,
la primera jeringa hipodérmica desechable hecho de plástico ,
seguido por B. D. con el PLASTIPAK , en 1961. Plástico
jeringas pronto reemplazaron los de vidrio en el mercado. ahora
empresas están desarrollando micro- jeringas para dolor
Entregando precisamente cantidades de drogas controladas .

GAFAS DE SOL

Pueblo inuit antiguos , más conocidos como esquimales , llevaban
gafas hechas de marfil de morsa aplanada bloquear solar
deslumbramiento. Estas gafas tenían estrechas rendijas para mirar a través .
Gafas de sol hechas de cristales planos de cuarzo ahumado , que
También protegió a los ojos del resplandor , se utilizaron en
De China por el siglo 12. Los documentos también describen
el uso de este tipo de gafas de sol de cristal por los jueces en la antigua
Los tribunales chinos para ocultar sus expresiones faciales mientras
interrogar a los testigos .
Óptico Inglés James Ayscough comenzó a experimentar
con lentes teñidas en espectáculos alrededor de 1752. Ayscough
cree que el vidrio de color azul o verde- teñido podría corregir
problemas de visión específicos. Gafas tintadas continuaron
ser prescrito por un médico durante todo el siglo 19.
En el año 1900, el uso de gafas de sol se hizo más

generalizada , sobre todo entre las estrellas de cine . Es comúnmente

creyó que se trataba de evitar el reconocimiento por los fans , pero

sino que también podría haber sido para protegerse de la

potentes lámparas de arco se utilizan en escenarios de películas contemporáneas.

Sam Foster, introdujo barato producido en masa

gafas de sol a América en 1929. Fomentar encontraron una lista

mercado en las playas de Atlantic City , Nueva Jersey, donde él comenzó a vender gafas de sol bajo el nombre de Foster Grant.

Gafas de sol fueron pronto una rabia .

En la década de 1930 , el Cuerpo Aéreo del Ejército de los Estados Unidos

encargado a la empresa de óptica de Bausch & Lomb para

producir las gafas que protegieran los pilotos de la

peligros del resplandor de gran altitud . Crearon un sunglassspecific

empresa llamada Ray- Ban, la abreviatura de la prohibición

los rayos del sol , para crear las primeras gafas de sol estilo aviador .

Gafas de sol polarizadas estuvieron disponibles por primera en 1936, cuando

Inventor estadounidense Edwin H. Land comenzó a experimentar

con lentes polarizadas. Ray- Ban aviator diseñado antideslumbrante

gafas de sol de estilo en 1936 utilizando la tecnología de Land . ellos

utilizado un marco ligeramente caídos para proteger al máximo un

Los ojos de aviador , que necesitan repetidamente mirada hacia abajo

hacia el panel de instrumentos del avión. Se emitieron Fliers

estas gafas de sol de aviador de Ray- Ban , sin cargo y el

público comenzó la compra de ellos en 1937.

Se cree que las gafas de sol realmente se convirtieron en 'cool ' durante

La Segunda Guerra Mundial. El estilo wayfarer , las gafas de sol más vendida diseño de la historia , nació en 1953. Un publicidad inteligente

campaña por Foster Grant en la década de 1960 , el uso de Hollywood

celebridades y el lema ¿Quién está detrás de esas Foster Grants?

contribuido a que las gafas de sol aún más de moda .

La crema de afeitar

Una forma primitiva de la crema de afeitar se documentó en

Sumeria alrededor del año 3000 antes de Cristo. Una combinación de álcali de madera

y la grasa animal se está aplicando a las barbas como el afeitado

preparación , similar a la forma de la piel fue retirada de

pieles de animales . Los antiguos egipcios fueron de los

primeras culturas de tomar en serio el afeitado ; usaron animales

grasas y aceites como lubricantes para máquinas de afeitar de bronce .

Barberos griegos y romanos a menudo se utilizan aceites o jabones cuando

empuñando las maquinillas de afeitar de hierro. Había poco mayor avance

en el afeitado o jabones de afeitar hasta el 1700.

En la década de 1800 , los altos jabones de espuma surgió como un organismo especializado

producto para ser utilizado sólo para el afeitado. Estos jabones de afeitado

fueron diseñados para crear una , espuma rígida de mayor duración

que los jabones regulares . El primero apareció alrededor de 1840 ,

cuando Vroom y Fowler de Nueva York comenzó a vender un

jabón concentrado que espumado . Lo llamaron Walnut

Jabón de Afeitar Militar Oil. A principios de 1900 , American

botánico e inventor George Washington Carver creó

una crema que era fácil de almacenar y se enjabonó muy bien ,

permitiendo que la navaja se deslice suavemente sobre la piel.

Jabones de afeitar tradicionales todavía están disponibles hoy de

fabricantes como The Art of Shaving , Crabtree y Evelyn ,

y Geo. F. Trumper . En 1919 , Frank Shields, ex profesor del MIT , ha desarrollado

Barbasol , la primera crema de afeitar. El innovador producto

ofrecido hombres una alternativa al uso de un cepillo para trabajar

jabón en espuma. La fórmula Barbasol fue originalmente una

loción espesa que fue diseñado para proporcionar un cómodo

afeitarse para los hombres con barbas duras y la piel sensible como

sí mismo. Su nombre proviene de la combinación de la América

barba palabra , es decir, la barba , y la solución. Hoy en día , Barbasol

sigue siendo una de las principales marcas de productos para el afeitado ,

particularmente en los Estados Unidos .

Burma - Shave , otro sin escobillas temprano , el afeitado pre - hecho espuma

crema, fue introducida en América por la Birmania -Vita

compañía en 1925. Creció rápidamente popular por su conveniencia

y vallas publicitarias que riman famosos que se alineaban estadounidense

carreteras. Una de las marcas más populares de la crema de afeitar

en la India es Godrej . El primer producto de afeitado Godrej fue el

palo de afeitar , que se introdujo en 1932.

Segunda Guerra Mundial contribuyó a la invención de la presurizado

lata de aerosol . La primera lata de crema de afeitar a presión fue Rise, que fue presentado por Carter -Wallace , un

Compañía de cuidado personal estadounidense con sede en Nueva

York, en 1949. Crema de afeitar en aerosol capturado casi

una quinta parte del mercado de las preparaciones para el afeitado en un

poco tiempo y ha estado dominando él desde 1960.

PASTA DE DIENTES

Los egipcios usaban una pasta para limpiar sus dientes alrededor

5000 aC, mucho antes de que se inventaran los cepillos de dientes . este

crema dental , probablemente sabía terrible , porque contenía

cenizas en polvo de pezuñas de los bueyes , mirra, cáscaras de huevos quemados,

piedra pómez y agua . Un gran papiro egipcio más tarde , de fecha

Siglo cuarto dC, cuenta con otra fórmula que consiste en

puré de sal de roca , la menta , el iris y la pimienta negro .

Los antiguos griegos y romanos utilizaban cremas dentales a las que

agregaron abrasivos tales como huesos y ostras trituradas

conchas. Los romanos también añaden saborizantes para ayudar con

mal aliento. Los antiguos chinos utilizan una amplia variedad de

sustancias , incluyendo el ginseng , pastillas de menta a base de hierbas , la sal , y

incluso pólvora. En el siglo noveno , el erudito persa

Ziryab inventó un tipo de pasta de dientes que él popularizó

en toda la España islámica . Fue supuestamente tanto

funcional y agradable al gusto, pero su composición exacta

se desconoce.

Las pastas de dientes y polvos entraron en uso general en el

Del siglo 19 en Gran Bretaña y otros países. La mayoría eran

siendo hecho en casa, con tiza , ladrillo pulverizado , o sal

ingredientes . En 1900 , una pasta hecha de peróxido de hidrógeno y

bicarbonato de sodio se recomienda para su uso con cepillos de dientes. Dentífricos premezclados se comercializaron por primera vez en la 19 ª

polvos siglo , pero los dientes se mantuvieron más popular hasta

Primera Guerra Mundial Otras innovaciones del siglo 19 incluyen

añadiendo glicerina para el gusto , y el estroncio para fortalecer

dientes . En 1873 , Colgate & Company , fundada por William

Colgate en Nueva York en 1806 , comenzó a producir en masa

la primera pasta de dientes en un frasco. En 1892 , el Dr. W. Washington

Sheffield de New London, Connecticut, fabricado

la primera pasta de dientes en tubos plegables y lo vendió como el Dr.

Creme Dentífrico de Sheffield. Él tuvo la idea después de que su hijo

vio pintores en París que exprimen la pintura de los tubos .

Los tubos de pasta de dientes plegables originales eran de

plomo, que lixivia en la pasta y, a veces causado

envenenamiento por plomo. Este hecho , combinado con una escasez de plomo

durante la Segunda Guerra Mundial , condujo a su sustitución por

tubos laminados (aluminio , papel y plástico) por la

1940 y tubos de plástico por completo hoy en día.

El fluoruro se añade en primer lugar a las pastas dentales en la década de 1890 para

la prevención de caries . Pero fue sólo en 1955 que Procter

& Gamble lanzó Crest, la primera clínicamente probado

pasta de dientes con fluoruro . Pasta de dientes a rayas , con dos colores diferentes , fue inventado por un neoyorquino

llamado Leonard Marraffino en 1955 y comercializados por primera vez por

Unilever como la raya en la década de 1960 .

Clippers y limas de uñas

Cortaúñas , también llamados cortaúñas o cortaúñas , son

por lo general hechas de acero inoxidable, pero también se puede hacer de

de plástico o de aluminio . Hay dos tipos : los comunes

alicates y la palanca del compuesto . La mayoría de los cortadores de uñas vienen

con otra herramienta adjunto, que se utiliza para eliminar la suciedad

de las uñas. A menudo también contienen un archivo en miniatura para

manicura las asperezas de las uñas cortadas.

El inventor del cortador de uñas no es muy conocido y

dispositivos similares se han utilizado desde la antigüedad. la

primera patente de EE.UU. para una mejora en un condensador de ajuste uña,

lo que implica que un dispositivo de este tipo que ya existía , parece

se han concedido en 1875 a Valentine Fogerty de Boston,

Massachusetts . Dispositivo de Fogerty , el usuario deberá colocar

el dedo en una cavidad cóncava con una cuchilla en un extremo y

parecía bastante diferente de las podadoras modernos. Otras patentes

mejoras en los condensadores de ajuste de uñas se hicieron

durante los próximos años por los inventores estadounidenses como

William Edge, John Hollman , Eugene Heim y Celestin

Matz , George Coates, y la Capilla Carter. Alrededor de 1928 ,

Carter, quien se convirtió en presidente de la H. C. Cocine Company

de Ansonia , Connecticut, dijo que su uña Gem

cortador hizo su primera aparición ya en 1896. Otros principios

Los fabricantes estadounidenses incluyen el L.T. Nieve Sociedad y el Rey Klip Company de Nueva York.

En 1947 , William E. Bassett , que había comenzado el WE Bassett

Empresa en Derby, Connecticut, en 1939 , desarrolló el

Recorte cortador de uñas . Fue la primera que se hizo a través de modernos

procesos de fabricación , adaptado de los métodos

utilizado por su compañía para fabricar componentes de artillería para el

Ejército de EE.UU. durante la Segunda Guerra Mundial. Utilizó el jawstyle superiores

diseño que había existido desde el siglo 19

pero agregó dos puntas cerca de la base del archivo para evitar

el movimiento lateral del brazo de palanca cuando se cerró ,

sustituido el remache cubrió con un remache con muescas , y añadió

un pulgar - viraje patentada en la palanca. Este diseño aún

domina el mercado hoy en día .

A fines de 1940 , Bassett introdujo la gama alta

Cortador de uñas Croydon , que fue sellada con un Clippership

emblema y promovido en la revista Esquire para la

el comercio joyería . Por desgracia, el Croydon era

no éxito comercial . Pero W.E. Bassett continúa

a ser un importante fabricante de herramientas de belleza personales.

Su línea de productos Recortar ahora ha crecido hasta incluir más de 150 productos . Otros fabricantes modernos incluyen

Evenflo (China) , 777 (tres siete , Corea) , y DOVO

Solingen (Alemania) .

PAPEL HIGIÉNICO

El primer uso documentado de papel higiénico en la historia humana

se remonta al siglo sexto dC, en China. En 589 dC, el

erudito - funcionario Yan Zhitui escribió: «Libro sobre el que

son citas o comentarios de los Cinco Clásicos o

los nombres de los sabios , que no se atreven a utilizar con fines sanitarios .

Los chinos fabricaban papel higiénico en un

escala industrial por la Edad Media. Durante el comienzo del 14o

siglo , la provincia de Zhejiang solo fabricaba diez

millones de paquetes cada año . En 1393, durante la dinastía Ming

Dinastía , 15.000 hojas de especialmente perfumada , suave - tejido

papel higiénico se hicieron para el emperador Hongwu de imperial

familia . La corte imperial de Nanjing también se utiliza sobre

720.000 hojas de papel higiénico al año. El siglo 16

Escritor satírico francés François Rabelais escribió sobre higiénico

papel en su novela - secuencia Gargantua y Pantagruel .

Aquí Gargantua desestima el uso del papel como ineficaz,

rimas que: "¿Quién la cola falta de papel limpia , Shall

en sus cojones dejar algunas fichas. '

Estadounidense Joseph Gayetty es ampliamente considerado como el

inventor de la moderna higiénico disponible en el mercado

papel en 1857. Su papel medicinal reclamó para prevenir

hemorroides y se venden en paquetes de láminas planas marcadas con el nombre del inventor. La invención

de enrollado y papel higiénico perforada se atribuye a la

Albany perforada del papel de embalaje de la empresa en 1877 y

a la Scott Paper Company en 1879. En 1928, la Hoberg

Paper Company de Green Bay, Wisconsin, presentó

Charmin , otra marca popular.

En 1942, la fábrica de papel del Reino Unido de San Andrés presentó más suave

papel higiénico de dos capas . Una broma hecha por la presentadora de televisión estadounidense

y en 1973 el comediante Johnny Carson impulsó espectadores

para ejecutar a las tiendas y comenzar el acaparamiento, la creación de un

artificial escasez de papel higiénico .

Hoy en día, 26 mil millones de rollos de papel higiénico se venden anualmente en

América con un promedio de 23,6 rollos por habitante al año,

o 57 hojas de un día . Las mujeres tienden a utilizar mucho más

papel higiénico que los hombres.

¿Sabía usted ?

Cuarenta y nueve por ciento de los que respondieron la encuesta eligió higiénico

papel como la única necesidad que les gustaría tener en un

isla desierta.

El ejército de EE.UU. utiliza el papel higiénico para camuflar sus tanques en Arabia Saudita durante la primera Guerra del Golfo.

CÁPSULAS DE DROGAS

Hoy en día hay dos tipos principales de cápsulas de medicamentos ,

de cáscara dura , que se utiliza para sustancias secas y en polvo , y

de cáscara blanda , que se utiliza para líquidos aceitosos. En 1834 , un francés

estudiante de farmacia llamado Francois Mothes y su

pareja, farmacéutico José Dublanc , inventó un método

de la producción de una sola pieza de cápsulas de gelatina blanda sellados

con una gota de solución de gelatina . Utilizaron moldes de hierro

para tomar sus cápsulas y los llenó de forma individual con

un gotero .

Mothes y cápsulas blandas patentadas de Dublanc , ambos llenos

y vacío, de inmediato se hizo popular en Francia.

Pero dejaron de vender cápsulas vacías en 1837. El

resultado fue una creciente demanda de cápsulas vacías y

hubo varios intentos para superar la patente por

la creación de nuevos diseños. En 1846 , un farmacéutico parisino Jules

Lehuby inventó cápsulas de dos piezas duras , que consiste en

tapa y cuerpo piezas superpuestas similares a los utilizados

hoy . Las conchas fueron hechos originalmente de almidón o de tapioca

endulzado con jarabe . James Murdock de Londres fue

concedido una patente británica en 1848 para la primera de dos piezas cápsula dura hecha de gelatina. Murdock , quien

fue un agente de patentes , podría haber estado actuando para Lehuby .

Las cápsulas duras fueron hechos originalmente en dos partes y luego se unieron a mano. Pero era difícil de conseguir

suficiente precisión como para que las piezas encajan correctamente. En 1913,

la Compañía Colton de Detroit , Michigan, inventó

la máquina apiladora en colaboración con la American

compañía farmacéutica Eli Lilly para resolver este problema .

Las máquinas que hacen que las cápsulas duras de hoy se basan

sobre su invención .

Todos los modernos encapsulación de gelatina blanda se basa en un proceso

desarrollado por el inventor americano prolífico Robert Scherer,

en 1933. Él utilizó una matriz rotatoria para producir las cápsulas

y los ocupados por moldeo por soplado. Este método reducida

despilfarro y cápsulas producidas con alta repetibilidad

dosis . Scherer trabajó en el sótano de metal de su padre

comprar tres años para desarrollar su máquina. luego

formó la gelatina Products Company para comercializar su

invención. La nueva compañía tuvo un éxito inmediato

y se convirtió en la RP Scherer Corporation en 1947. El

actual propietario de la tecnología de RP Scherer es Catalent

Pharma Solutions , el mayor fabricante del mundo de

cápsulas de gelatina blanda .

¿Sabía usted ?

La gelatina se fabrica a partir de colágeno cosechado desde

piel de animal o de los huesos . Este es un problema para los vegetarianos , veganos, y los que observan ciertas leyes religiosas y

cápsulas de gel por lo vegetarianas están disponibles ahora.

LABIAL

Mujeres mesopotámicos antiguos eran posiblemente los primeros en

inventar y usar lápiz labial . Utilizaron piedras machacadas ,

arcilla roja , la roya , la henna , y las algas para decorar sus labios.

Los antiguos egipcios crearon un profundo lápiz labial púrpura de

algas , yodo , bromo y manita que era altamente

enfermedad grave tóxico y causado . Cleopatra VII, que

gobernado 50-31 aC , lápiz labial utilizado a partir de triturado

cochinilla , que dan un pigmento rojo profundo conocido

como el carmín . Barras de labios con un efecto brillante originalmente

utilizado una sustancia nacarada se encuentra en escamas de pescado.

Durante la Edad Media , la cosmetóloga árabe notable

y el cirujano Abu al- Qasim al- Zahrawi (Abulcasis)

lápices labiales sólidos inventadas , que eran palos perfumados

laminado y prensado en moldes especiales. Pero en Medieval

Europa, lápiz de labios era considerado una encarnación de Satanás

y fue prohibido por la iglesia.

Coloración de labios comenzó a recuperar algo de su popularidad en el 16 º

siglo Inglaterra, donde los labios de color rojo brillante y un blanco rígido

cara se puso de moda . Pero en el siglo 17 , las barras de labios

y otros cosméticos pasaron de moda otra vez. En 1653 ,

un pastor Inglés llamado Thomas Salón lideró un movimiento

proclamando que la pintura de las caras era obra del diablo . En 1770 , una ley fue aprobada aún por el Parlamento británico que

declaró que los matrimonios serían anulados si la mujer

llevaba los cosméticos antes de su día de la boda.

Cosméticos anteriores permanecieron inaceptable para respetable

Mujeres europeas , pero las actitudes comenzaron a cambiar en el

1850 y la primera barra de labios comercial fue inventado en

1884 por los perfumistas en París . Estaba cubierto de papel de seda

y sea el sebo de venado , aceite de ricino y cera de abejas. en

ese momento , lápiz labial fue vendida en tubos de papel , papel tintado , o

macetas pequeñas . James Bruce Mason Jr., de Nashville, Tennessee,

patentado del tubo del lápiz labial giratorio -up moderno en 1923.

En 1927, el químico francés Paul Baudercroux inventó un

fórmula llamada Rouge Baiser . Este fue el primero de larga duración

lápiz labial . Irónicamente , Rouge Baiser fue demasiado larga duración ! fue

tan difícil de eliminar que se le prohibió el mercado.

A fines de 1940 , Hazel Bishop, un químico orgánico en Nueva

York , llevado a cabo más de trescientos experimentos con

diferentes prototipos de lápiz labial en su cocina. Con el tiempo se

creado el primer larga duración, lápiz labial no se corra moderna,

llamado No- Smear . En 1950 , formó Hazel Bishop Inc. para

promocionar su beso prueba invención , comercializado como ' se queda en ti

... No en él. ' Su negocio prosperó y pronto atrajo

competidores como Revlon . Hoy en día, con sabor y orgánica

barras de labios se están volviendo populares .

chapsticks

La gente ha estado ideando soluciones para los labios agrietados

desde la antigüedad. Los registros chinos muestran que una forma

de labios bálsamo se utilizaba ya en la dinastía Han del Este

dinastía (25-220 dC). Un siglo temprano a mid-18th

Libro americano describe un remedio para los labios agrietados por

madres lactantes :

To Cure Lipps Chopt & c .

Tome 2 oz : Abejas de la cera y del punto de estratificación en pedazos o bitas y 1

Gill de buena oílo Dulce puso sobre el fuego Borrar cuando

Disuelto se vierte en un Claro Bason y será cuando

Coal'd una buena Oyntment de dolor en los pezones también cualquier

Cosa por el estilo.

A principios de la década de 1880 , el Dr. Charles Browne Fleet, un estadounidense

médico de Lynchburg , Virginia, inventó ChapStick

como un bálsamo para los labios . Su venta local , producto artesanal

parecía una vela sin mecha envuelto en papel de aluminio. En 1912,

John Morton compró los derechos sobre el producto de cinco

dólares y la producción comenzó de la ChapStick rosa

en su cocina. Su negocio fue tan exitoso que

se utilizaron ingresos de las ventas al descubierto el Morton

Manufacturing Corporation. En 1963, el AH Robins Company adquirió ChapStick

de los Morton . En ese momento, sólo ChapStick Lip

Stick normal Balm se está comercializando a los consumidores.

Posteriormente , se han introducido muchas más variedades .

Estos incluyen cuatro palos saborizados ChapStick Bálsamo

en 1971 , ChapStick Bloqueador solar 15 en 1981, ChapStick

Vaselina Plus en 1985, y ChapStick medicado

en el año 1992 . esquiadora estadounidense Suzy Chaffee era un portavoz

para la marca en la década de 1970 y llegó a ser conocido como Suzy

ChapStick . El ex esquiador estadounidense Picabo Street es ahora

comúnmente visto en sus anuncios de televisión.

ChapStick es ahora propiedad de Pfizer, que vendió el

planta de fabricación en Richmond , Virginia, en 2011, para

Fareva , una compañía francesa que fabrica actualmente y

paquetes chapsticks para Pfizer.

¿Sabía usted ?

En 1972 , los tubos de lápiz de labios se modificaron con oculto

micrófonos y utilizado por agentes de la Casa Blanca G.

Gordon Liddy y E. Howard Hunt cuando rompieron

en la sede del Comité Nacional Demócrata

en el complejo de oficinas Watergate , en Washington , DC. la

escándalo resultante condujo a la renuncia del

Richard Nixon el 9 de agosto de 1974 a la única dimisión

de un presidente de EE.UU. hasta la fecha.

PRÓTESIS

Se encontró que la evidencia más antigua de las prótesis dentales o dentaduras postizas

por los arqueólogos en México . Ellos encontraron un esqueleto , que data

de nuevo a 2500 antes de Cristo, cuyos dientes delanteros han sido un terreno

hacia abajo , probablemente para hacer espacio para las dentaduras postizas hechas de lobo

dientes . Alrededor del año 700 antes de Cristo, los etruscos en el norte de Italia hizo

dentaduras de los dientes humanos o animales que estaban conectados

con alambre de oro o de bandas . Estos se deterioraron rápidamente, pero

eran fáciles de producir. Había poco más progresos

hasta el siglo 18 . Dentaduras no eran comunes y

la falta de dientes era la norma , incluso entre los nobles.

La reina Isabel I de Inglaterra puso paño blanco en las lagunas

para verse mejor en público.

La dentadura completa más antigua es de madera y

se remonta al siglo 16 de Japón. Durante la 18 ª

siglo , los dentistas europeos utilizan morsa, elefante, y

marfil de hipopótamo para hacer placas de prótesis en la que

dientes podría unir . Pero ellos fueron atacados por el

Los ácidos de la saliva , probado horrible , y pronto se pudrieron . Por otra parte ,

primeras prótesis tuvieron que ser retirados antes de comer, ya que

no fueron lo suficientemente seguros como para masticar con .

El primer presidente de EE.UU. , George Washington, tenía dentadura postiza

hecha de tallado de marfil de hipopótamo en la que los dientes humanos burro , caballo, y se ajustaron . Sin embargo, eran

muy doloroso y distorsionado su boca. Debido a esto ,

su segundo discurso inaugural fue el más corto de cualquier EE.UU.

Presidente hasta la fecha - que sólo duró 90 segundos!

Dientes de muertos llegó a ser popular para las dentaduras y eran

fácilmente disponibles en tiempos de guerra. Por ejemplo , después de la Batalla

de Waterloo , se produjo un exceso de dientes arrancados de Waterloo

cadáveres de los soldados en el campo de batalla . Durante la American

Guerra Civil, barriles de tales dientes fueron enviados de regreso a

Europa . Los dientes también se extrajeron de los criminales ejecutados ,

robados por ladrones de tumbas , o incluso comprados a los pobres.

Las primeras prótesis de porcelana se hicieron alrededor de 1770 por

Alexis Duchâteau , un boticario francés. Después de varios

fracasos , creó un diseño práctico que llegó a ser muy

popular. Sin embargo, eran propensos a chip y parecía

demasiado blanco para ser convincente . Su ex asistente Nicholas

De Chemant recibió la primera patente para dentaduras en 1791.

En 1820 , Claudio Ceniza de Londres comenzó la fabricación

la mejora de las dentaduras de porcelana montados en oro de 18 quilates

placas . Desde la década de 1850 , Vulcanite , una forma de endurecido

caucho, comenzó la sustitución de oro , lo que redujo significativamente

costos. En el siglo 20 , se hicieron las dentaduras

a partir de resina de acrílico y otros plásticos . Hoy en día se tienen plenamente

aprovechar las nuevas aleaciones y plásticos .

DESODORANTES

Una amplia variedad de desodorantes se han utilizado desde

Antigüedad. Los antiguos egipcios se entregaron a perfumada

baños , mientras que los antiguos griegos y romanos con frecuencia

utilizado perfumes y aceites aromáticos . Pero con la caída del

Roma, también se perdió el cariño para el baño. a veces

sales de roca fueron usadas como un desodorante en algunas partes de Asia. en

el siglo noveno , el gran pensador árabe o persa Ziryab

desodorantes introducidas en la España musulmana .

El primer desodorante comercial, mamá , se introdujo

y patentado en 1888 por un inventor estadounidense desconocido.

Mamá era originalmente un cloruro y cera en pasta de zinc o

crema . Esto pronto fue seguida por Everdry , una lata de aluminio

a base de cloruro antitranspirante .

Por 1900 , una serie de antitranspirantes en una variedad de formas

de pastas, palos, dabbers , polvos y cremas para

roll- ons estaban disponibles en el mercado . Pero el olor corporal

se considera un asunto privado y la mayoría de la gente hizo

por no utilizarlas. Llevó publicidad inteligente para los consumidores

estar convencidos de sus beneficios. La campaña para un

antitranspirante llamado Odorono , diseñado por un ex-

vendedor de biblias puerta a puerta llamado James Young, fue

importante en este sentido . Retrató el olor corporal como faux pas social, que nadie le diría directamente que se

responsable de su impopularidad , pero que eran

felices a los chismes a sus espaldas sobre .

Desodorantes se hizo popular entre las mujeres de la

1920, pero los hombres siguen a asociar el olor corporal con

masculinidad. Así comenzó la publicidad dirigida a los hombres por

se aprovechan de sus inseguridades , como perder su trabajo debido

para el olor corporal. Esta fue una terrible perspectiva durante la

Gran Depresión. Top -Flite , desodorante de los primeros hombres ,

se puso en marcha en 1935 y se ha empaquetado en una botella de color negro.

Otra de desodorantes para hombres , Sea- Forth, se vendió en cerámica

jarras de whisky que aparecen como masculino como sea posible.

A fines de 1940 , Edward Gelsthorpe sugirió el diseño

un aplicador de desodorante basado en los bolígrafos . Su idea

fue desarrollado por el químico Helen Diserens . En 1952 , Bristol-

Myers comenzó a comercializar como Ban Roll-On . El producto era

un éxito, aunque muchos consumidores masculinos los evitaban

porque el pelo de las axilas quedó atrapado en los aplicadores.

Inventor y químico cosmético Dr. Jules

Bernard Montenier patentó la formulación moderna

del antitranspirante en 1941. Right Guard de Gillette era

el primer antitranspirante en aerosol a principios de 1960 . Hoy en día .

alrededor del 95 por ciento de los estadounidenses utilizan desodorante.

LECTURAS

. 1 El chico que inventó el Popsicle : And Other

Historias sorprendentes sobre Invenciones por Don L. Wulffson ,

rústica - 128 páginas (1999), Puffin.

2 . Los errores que trabajaron por Charlotte Foltz Jones y John O'Brien (ilustrador) , libro en rústica - 48 páginas (1994) , Doubleday .

3 . Orígenes Extraordinaria de Panati de las cosas cotidianas de Charles Panati , libro en rústica - 480 páginas , edición de reedición (Septiembre de 1989) , HarperCollins .

. 4 La evolución de las cosas útiles: Cómo artefactos cotidianos - A partir de Forks y Pins a los clips de papel y cremalleras - Came para ser como son por Henry Petroski , libro en rústica - 304 páginas (1994) , Vintage .

www.ingramcontent.com/pod-product-compliance
Lightning Source LLC
Chambersburg PA
CBHW051648170526
45167CB00001B/374